FASZINATION GOLD

ORBIS VERLAG

FASZINATION GOLD

VERHEISSUNG DES GÖTTLICHEN
FLUCH DER MENSCHHEIT

Mit Beiträgen von
Dr. Manfred Gutgesell,
André Ruo, Bettina Schumann-Jung,
Dr. Steffen Krämer, Dr. Iris Gareis,
Dr. Susanne Schäffler-Gerken

ORBIS VERLAG

Der Text dieses Buches entspricht den Regeln
der neuen deutschen Rechtschreibung.

ISBN 3-572-01317-8

www.orbis-verlag.de

Konzeption, Redaktion und Produktion:
Büro Norbert Pautner, München

Textbeiträge: Dr. Manfred Gutgesell, André Ruo,
Bettina Schumann-Jung, Dr. Steffen Krämer, Dr. Iris Gareis,
Dr. Susanne Schäffler-Gerken, Norbert Pautner

Bildbeschaffung: Silvestris Fotoservice, Kastl

Umschlaggestaltung: Büro Norbert Pautner

Reproduktion: Fotolitho Varesco, I-Auer

Druck: Těšínská Tiskárna, CZ-Český Těšín

Printed in the Czech Republic

817 2635 4453 6271

05 04 03 02

Inhaltsverzeichnis

VIRGO MARIA
MHP
ΘV
SCS

Eine umfassende Kulturgeschichte des Goldes käme fast schon einer Chronik menschlicher Kulturen und Zivilisationen gleich – unmöglich, dies zwischen zwei Buchdeckel pressen zu wollen. Denn kaum ein Volk, eine Hochkultur ist nicht irgendwann der Faszination erlegen, die vom Gold ausgeht.

Gold gehört zu den ersten Metallen, die der Mensch nutzen konnte. In seiner gediegenen Form ließ es sich leicht abbauen, dank seiner geringen Härte war es einfach zu verarbeiten. Doch besaß es dabei stets einen besonderen Charakter: Es ist ein Edelmetall, das, anders als Eisen, Kupfer oder Zinn, nicht anläuft oder gar rostet. Diese »Unbeeinflussbarkeit« und nicht zuletzt der helle, sonnengleiche Glanz machten es zu einem gleichsam magischen Element: Im Volksglauben häufig ein wundertätiges Amulett, in der Religion oft Symbol göttlichen Lichts.

Ein Buch wie dieses kann nur ein kleines Fenster öffnen, wenn es um eine Kulturgeschichte des Goldes geht. Obwohl Südafrika beispielsweise die Liste der Gold fördernden Staaten anführt, wird der Leser die Goldschmiedekunst Afrikas in diesem Buch vermissen. Auch das Fehlen der Kunst der Etrusker oder des in China beheimateten Dian-Volks wird man bemerken, ganz zu schweigen von einer Chronik des Goldrausches in der Neuen Welt.

Die Liste dessen, was fehlt, könnte die ganze Einleitung füllen – zu umfangreich ist der Einfluss des Goldes in Bezug auf unsere Kultur und Geschichte. Wir haben uns daher auf ein paar wenige Aspekte beschränkt, die unserem abendländischen Kulturkreis auf die eine oder andere Weise nahe liegen. Auch wenn wir dabei von Amerika bis nach Asien reisen.

Die wohl prachtvollste und berühmteste Goldkultur besaßen die alten Ägypter, sie hat sowohl in der Antike als auch in der Zeit der großen archäologischen Entdeckungen unseren Kunstsinn und unser Geschichtsverständnis gleichermaßen beeinflusst. Ganz unmittelbar auf den Spuren unserer eigenen Kultur befinden wir uns mit der Betrachtung des Goldes in der Antike und im alten Europa zur Zeit der Kelten, Wikinger und

▲▲ Gediegenes Gold auf Quarzen. Derart frei liegendes Gold lässt sich leicht abbauen.

▲ »Goldmacher« bei der Arbeit. Die mittelalterlichen Alchimisten waren trotz aller Mystik und Spekulation Wegbereiter bei der Entwicklung einer modernen Chemie.

◀ Thronende Madonna mit Kind, flankiert von den Evangelisten Johannes und Markus; Mosaik aus der Markuskirche in Venedig. Der Goldgrund versinnbildlicht die himmlische Sphäre.

◀ Die Inka-Ruinenstadt Machu Picchu in Peru wurde erst 1911 von westlichen Archäologen entdeckt, sie blieb den spanischen Eroberern verborgen. In der festungsähnlichen Stadt fand man jedoch keinen der sagenhaften Goldschätze, den die Konquistadoren dort vermutet hatten.

Germanen. Noch deutlicher wird unser »abendländisches« Bild vom Gold in der christlichen und profanen Kunst vom Mittelalter bis in den Barock.

Das Gold der Neuen Welt lockte einst Christoph Columbus an. Schon bald darauf stürzte es als begehrte Beute der Konquistadoren ganze Völker ins Verderben. Das Gold der Inkas ist seit jenen Tagen Legende, eine Legende, die genauer betrachtet werden sollte. Asien wird in unserem Buch durch das Gold repräsentiert, wie es in der buddhistischen Kunst Verwendung findet – von Buddhastatuen bis hin zu Tempeldächern. »Buddhistisches« Gold bestimmte so ganz wesentlich unser Asienbild. Und nicht zuletzt waren es übrigens die Berichte über eben jene goldenen Dächer, die Columbus den westlichen Weg nach Asien erforschen ließen.

Der hohe materielle Wert und der überirdische Glanz, die mit dem Edelmetall verbunden sind, machten es über die Maßen begehrlich. Und damit war es nicht nur ein künstlerisches Hohelied auf die göttliche Herrlichkeit. Für all diejenigen, die danach schürfen mussten oder sich im Wettlauf um die besten Fundstätten gegenseitig bekämpften, war es gleichbedeutend mit Entbehrungen bis hin zur Versklavung. Raub, Mord und ganze Kriege wurden von der Gier nach dem gelben Metall angetrieben.

Goldfunde in der Neuen Welt lösten völkerwanderungsähnliche Emigrationsbewegungen aus: Unzählige Portugiesen strömten im 18. Jh. nach Brasilien, der Goldrausch in Nordamerika zog im 19. Jh. große Scharen aus Europa an, die sich eine im wahrsten Sinne des Wortes goldene Zukunft erträumten, aber oft nur am Rande des Scheiterns überlebten.

Heute scheint das Gold in unseren Breiten viel von seiner Magie verloren zu haben. Schon lange ist es nicht mehr die sicherste Wertanlage, goldenes Kultgerät in Kirchen und Tempeln verbinden wir nicht mehr automatisch mit dem Abglanz göttlichen Lichts und Schmuck darf auch aus Silber oder – weitaus edler – aus Platin sein. In anderen Kulturkreisen hingegen besitzt es immer noch den überlieferten Wert: Beispielsweise ist es in Südostasien in Zusammenhang mit Opfergaben nahezu unverzichtbar.

Doch auch trotz all dieser modernen »Wertverluste« hat Gold nichts von seiner Anziehungskraft verloren. Wenn wir entdecken, was menschliche Imaginationskraft und kunsthandwerkliches Geschick aus dem edlen Metall zu machen wussten, spüren wir noch immer einen Hauch der ursprünglichen Magie. Nicht ohne Grund wissen die Ausstellungsmacher in den Museen sehr wohl, dass sie mit einem Ausstellungstitel »Das Gold der …« für regen Zulauf sorgen.

Denn bei aller Virtuosität und technischen Perfektion, die Goldschmiede heute erreicht haben, wird man in der Goldschmiedekunst unserer Tage vergeblich die Inspiration, die die Kunsthandwerker des alten Ägyptens, der Antike oder Altamerikas besaßen, wiederfinden. Ihr Streben war von Zielen beeinflusst, die jenseits des Materiellen lagen. Ihnen ging es nicht allein um das Zurschaustellen der eigene Fertigkeiten und die Befriedigung einer weltlichen Klientel, sie wollten vor göttlichen Augen bestehen können.

▶ Goldabbau in Brasilien. Harte körperliche Arbeit, ein sinkender Goldpreis und gefährliche Verfahren zur Goldgewinnung wie die Zyanidlaugung haben dem Abenteuer Goldsuche jede Romantik genommen. Jährlich werden weltweit etwa 2000 t Gold gefördert.

Die Farbe der Sonne

Gold im alten Ägypten

»Mein Bruder möge Gold, das unbearbeitet ist, in großer Menge zu mir senden, denn im Lande meines Bruders ist Gold so zahlreich wie Staub. Mögen die Götter fügen, dass das Gold im Lande Ägypten so überreichlich bleibt wie bisher.«

So schrieb König Tuschratta von Mitanni um 1370 v. Chr. an Pharao Amenophis III., dem er seine Tochter Taduchepa zur Frau gegeben hatte.

Der unglaubliche Goldreichtum Ägyptens war seit der ältesten Zeit sprichwörtlich und schien nie zu versiegen, denn noch in römischer Zeit war Ägypten das Goldland schlechthin. Nicht umsonst betrachteten später die römischen Kaiser seit Augustus Ägypten als ihr Privateigentum, das kein römischer Senator oder Magistrat ohne die Genehmigung des Kaisers betreten durfte.

◀ Brustschmuck Ramses' II., 1290–1224 v. Chr. In dem rechteckigen Rahmen finden sich der Geier und die Uräusschlange als Symbole für Ober- und Unterägypten, zwei Djed-Pfeiler als Zeichen der Ewigkeit sowie ein geflügeltes Fabelwesen und die Königskartusche. Gold mit farbigen Einlagen, Höhe 14 cm.

▼ Detail aus einem Brustschmuck. Die kunstvolle, in Cloisonné-Emailtechnik gefertigte Goldschmiedearbeit stellt einen schreitenden Mann mit einem Wedel in der linken Hand dar, um 1890 v. Chr.

Seit den Anfängen des ägyptischen Staates wurde in der Gegend um Koptos (das heutige Kuft, nördlich von Theben) Gold gewonnen. Im Lauf der Zeit wurden immer mehr Goldminen in der Ostwüste erschlossen. Dabei schob man sich in den folgenden Jahrhunderten allmählich nach Süden vor. Als Pharao Sesostris III. um 1860 v. Chr. ganz Nubien (Nubien heißt übersetzt »Goldland«) erobern konnte, gelangte Ägypten in den dauerhaften Besitz der äußerst ergiebigen nubischen Goldminen, die den Reichtum des Landes deutlich mehrten.

Wir können heute einige Hundert Goldvorkommen archäologisch nachweisen, die in der Pharaonenzeit ausgebeutet wurden. Allerdings ist keine einzige altägyptische Goldmine mehr in Betrieb. Man hatte zwar Anfang unseres Jahrhunderts versucht aus der alten Abraumschlacke noch Gold zu gewinnen, was sich aber als zu teuer herausstellte. Das einst wichtigste Goldland der Antike fördert heute praktisch kein Gold mehr.

Gold fand sich in Ägypten in Quarz eingelagert und war oft mit Silber (Elektron) oder Kupfer (Rotgold) legiert. An einigen Stellen konnte das abgelagerte Gold leicht ausgewaschen werden, wenn genügend Wasser zu Verfügung stand, was natürlich nur im Niltal selbst der Fall gewesen ist. Seit dem Neuen Reich ging man dann immer stärker dazu über, das Gold in regelrechten Minen systematisch abzubauen. In den nubischen Bergwerken (im heutigen Äthiopien und Sudan) wühlte man sich in Schächten bis zu 100 Meter tief in das Gestein, manche Schächte folgten den Goldadern dann bis zu 700 Metern waagerecht in den Berg hinein. Wer hier arbeitete, sah nie die Sonne und lebte unter erbärmlichen Bedingungen. Manche Gänge waren so klein, dass nur Kinder in ihnen gearbeitet haben können.

Zuständig für die Verwaltung des Goldes waren das königliche Schatzhaus oder die Schatzhäuser der Tempel, wenn der König ihnen den Abbau des Goldes erlaubt hatte. Die Schatzhäuser besaßen mehrere Abteilungen, eine davon wurde »Goldhaus« genannt und war für die Gewinnung, Lagerung und Verarbeitung des Edelmetalls zuständig.

▲ Wandmalerei aus dem Grab des Panekhmen, um 1295–1186 v. Chr., die Arbeiter beim Wiegen von Gold zeigt.

Der Goldabbau

Die Goldgewinnung begann damit, dass auf Befehl des Pharaos ein hoher Beamter – meist aus der Schatzhausverwaltung – eine Expedition zu den Goldgebieten ausrüstete. Erfahrene Bergleute suchten das Gebirge nach Quarz von leuchtend weißer Farbe ab. Hatte man dieses entdeckt und eine Probebohrung erfolgreich abgeschlossen, wurde das Gestein mit Feuer so stark erhitzt, dass es gesprengt wurde. Die goldhaltigen Gesteinsbrocken wurden herausgeschlagen und vor Ort in Mörsern grob zerkleinert. Erneut wurden die goldhaltigen Brocken aussortiert und ins Niltal transportiert. Dort wurden die Quarzklümpchen in Steinmühlen zu Steinmehl zermahlen und mit Wasser ausgewaschen. Das schwere Gold blieb in den Sieben zurück und konnte jetzt leicht eingesammelt und geschmolzen werden. Dabei wurden Verunreinigungen, etwa durch Blei, beseitigt.

Als Nächstes goss man das Gold in Formen, wog es und transportierte es per Schiff zum königlichen Schatzhaus. Dort wurde das Gold erneut gewogen, die Menge in langen Listen vermerkt und schließlich eingelagert. Reinen Goldstaub transportierte man einfach in Lederbeuteln zum Schatzhaus. Natürlich wurde jeder Schritt von Soldaten und Beamten genau überwacht.

Die Leiter solcher Goldexpeditionen waren, wie zuvor erwähnt, häufig ranghohe Beamte oder gelegentlich Militärs. Immer wieder finden wir aber auch regionale Verwalter in den Goldbergwerksgebieten, die aufgrund ihrer Ortskenntnisse zur Expeditionsleitung prädestiniert waren. So war für das Gebiet der Ostwüste in Mittelägypten der Bürgermeister von Koptos zuständig, während die nubischen Minen dem Vizekönig von Kusch zugeordnet waren oder dem »Vorsteher der Goldländer«.

Um die bereits erschlossenen Goldminen auch wieder finden zu können, wurden recht genaue Landkarten – die ältesten der Welt – auf Papyrus aufgezeichnet. Eine solche Landkarte ist erhalten geblieben und befindet sich im Ägyptischen Museum in Turin. Auf der Karte sind als geographische Fixpunkte Brunnen, ein Tempel und

◀ Wandmalerei aus dem Tempel Sethos' I. in Abydos. Der Pharao herrschte im 13. Jh. v. Chr. und überließ dem von ihm gestifteten Tempel einen Teil seiner Einkünfte aus dem Goldabbau.

▶ Goldstatuette des Heilgottes Amun von Theben, um 900 v. Chr. Im Gegensatz zu den meisten anderen altägyptischen Göttern konnte Amun außerhalb des Tempels angerufen werden und stand auch den Armen hilfreich zur Seite. Die Federkrone, mit der die Gottheit gewöhnlich dargestellt wird, ist hier abgebrochen.

Straßen sorgfältig vermerkt. Leider gelingt es nicht, nach diesen Karten auch die Goldminen wieder zu finden, da die geographischen Angaben, also die Namen von Bergen, Tälern und Flüssen heute nicht mehr bekannt sind.

Die schwere Arbeit in den Goldminen wurde von Kriegsgefangenen und Straftätern verrichtet, wie die antiken Quellen immer wieder berichten. So lesen wir in Prozessprotokollen, dass beispielsweise Grabräuber zu Zwangsarbeit in den nubischen Bergwerken verurteilt wurden. Da in Ägypten Sippenhaftung an der Tagesordnung war, gelangten auch die Familien der Straftäter in die Bergwerke. Das erklärt die Enge und geringe Höhe vieler Schächte: Hier arbeiteten die Kinder der Gefangenen. Die Lebenserwartung in solch einem Stollen dürfte äußerst gering gewesen sein.

▲ Tempel des Gottes Amun in Karnak, Theben. Dank großzügiger Zuwendungen durch die Pharaonen konnte die gewaltige Tempelanlage immer wieder erweitert werden. Der Amun-Tempel in Karnak war neben dem Tempel in Luxor das wichtigste Heiligtum des Amun-Kults. Anlässlich des Opetfestes, einem der bedeutendsten Amun-Feste im alten Ägypten, wurden alljährlich Bilder der Gottheiten Amun, Chon und Mut in feierlicher Prozession auf dem Nil von Karnak nach Luxor gebracht.

▼ Darstellung der Teje, der Gemahlin des Pharaos Amenophis III. Die Figur, die wohl Teil eines Möbelstücks war, ist aus ziseliertem Goldblech gefertigt und zeigt die Pharaonengattin mit Federkrone, Perücke und Geierbalg, 14. Jh. v. Chr.

Gold – ein Königsmonopol

Monopole des Königs hat es in Ägypten zu allen Zeiten gegeben. Wir kennen das Steinmonopol seit dem Alten Reich, auch Handel und Transport waren meist königliches Monopol. Und daher wundert es kaum, dass natürlich auch die Goldgewinnung und -verarbeitung ausschließlich dem Pharao vorbehalten waren.

Doch erfahren wir immer wieder aus den Texten, dass der König dieses Monopol oft auf andere übertragen hat. So trat Pharao Sethos I. (1303–1290 v. Chr.) einen Teil seiner Goldmineneinkünfte an den Tempel von Abydos ab, den er gerade gestiftet hatte und nun mit Einkünften versehen musste, damit der Tempel seine Aufgaben auch erfüllen konnte. Viele Pharaonen des Neuen Reichs stifteten ihre Goldeinkünfte dem großen Tempel von Karnak, also dem Hauptgott Amun. Doch um die Tempel nicht zu einer gefährlichen Macht neben dem König heranreifen zu lassen, wurden als Oberpriester und Tempelvorsteher gern königliche Verwandte oder Günstlinge eingesetzt, auf deren Loyalität der Pharao vertrauen durfte. Die Priester richteten dann in Eigenverantwortung und natürlich auf eigene Kosten die Expeditionen aus. In den Tempeln wurden auch Werkstätten zur Goldverarbeitung eingerichtet.

Die königlichen Stiftungen an die Tempel waren unglaublich groß. Denn die Pharaonen des Neuen Reichs standen vor einem schier unlösbaren Problem. Früher hatten die Könige an loyale Beamte große Ländereien verschenkt. Mittlerweile war so aber fast ganz Ägypten aus dem königlichen Besitz in Privatbesitz übergegangen und die Pharaonen besaßen nichts mehr, womit sie treue Dienste belohnen konnten. Also begannen die großen Eroberer, allen voran Thutmosis III. (1490–1436 v. Chr.), große Mengen der Kriegsbeute an ihre Untertanen zu verschenken.

Den Löwenanteil sicherten sich dabei die großen Tempel, allen voran der Amuntempel in Karnak. So schenkte Thutmosis III. allein diesem Tempel mehr als 15 Tonnen Gold – überwiegend aus der syrischen

Beute. Und Amenophis III. (1403–1365 v. Chr.) stiftete diesem Tempel wenig später noch einmal 2,3 Tonnen Gold.

Natürlich war der Finanzbedarf solch einer riesigen Anlage mit Tausenden von Angestellten und einem schier unendlichen Bauvolumen enorm hoch, aber immer wieder hören wir auch, dass die Priester Politik gemacht haben. Das beste Beispiel dafür ist die Opposition der Amun-Priester gegen den so genannten »Ketzerkönig« Echnaton.

Die Jahresproduktion an Gold betrug in der Zeit Thutmosis' III. in Nubien etwa 270 Kilogramm, hinzu kommen die Mengen aus der Ostwüste, sodass man insgesamt wohl von einer Fördermenge in der Größenordnung von mindestens einer halben Tonne Gold pro Jahr ausgehen kann. Das relativiert die Schenkung Thutmosis' III. an den Gott Amun: Hier hat der König nämlich in seinen Annalen, die im Tempel aufgezeichnet und noch heute erhalten sind, einfach seine Kriegsbeute dazugerechnet, die er in Syrien gewonnen hatte – ein altägyptischer Buchungstrick!

◀ Halsschmuck, um 1347 v. Chr., in Form eines Geiers, der Verkörperung Nechbets, der Schutzgöttin der Könige Oberägyptens und Göttin der Geburt. Der Goldkragen, der im Tal der Könige gefunden wurde, stammt möglicherweise von der Mumie Echnatons, die von seinem Sohn Tutanchamun aus dem Grab entfernt wurde.

▲ Armreif Psusennes' I., 10. Jh. v. Chr., mit der Reliefdarstellung eines geflügelten Skarabäus mit der Sonnenscheibe, der Verkörperung des Schöpfergottes Chepr. Die Hieroglyphen mit den beiden Kobras darunter bilden den Thronnamen Psusennes', »Aa-chepr-Re«. Gold mit Einlagen aus Lapislazuli und Karneol, Durchmesser 6,1 cm.

Aber nicht nur die Tempel wurden von den Königen mit Goldschenkungen bedacht. Immer wieder erfahren wir aus den Beamtengräbern von Schenkungen an verdiente Beamte, Militärs und Palastangestellte. Solch eine Verleihung des Ehrengoldes ist zum ersten Mal bereits in der 5. Dynastie belegt. Hier überreichte Sahure (2442–2430 v. Chr.) einem hohen Beamten Goldschmuck als Belohnung für erwiesene Dienste. Später bekam der Gaufürst Sabnj von Assuan von Pharao Pepi II. (2221–2157 v. Chr.) das Ehrengold als Dank für eine erfolgreiche Goldexpedition nach Nubien, das von den Ägyptern in dieser Zeit noch nicht erobert war. Solch eine Expedition dürfte äußerst gefährlich gewesen sein, was die außerordentliche Belohnung des erfolgreichen Ortskommandeurs erklärt.

Im Neuen Reich wurde das Ehrengold dann überwiegend für kriegerische Leistungen in Form von großen, massiv goldenen Halskragen und Armreifen überreicht. Manche Darstellungen in den Gräbern dieser Beamten zeigen eindeutig, wie der Beschenkte unter der Last des Goldes fast zusammenbricht. Kleine goldene Anhänger in Gestalt von Löwen und Fliegen dienten als militärische Orden und wurden den Beamten mit ins Grab gegeben, wo sie von den Archäologen wieder entdeckt wurden. Goldperlen in unterschiedlichen Größen wurden für geringere Kriegstaten verliehen.

Zivile Auszeichnungen, also eine Art von Verdienstmedaille, waren ebenfalls aus Gold, hatten die Form eines Herzens und trugen den Namen des Königs – auch sie finden wir immer wieder in den Gräbern des Neuen Reichs.

Wie die Grabbilder zeigen, fand die Zeremonie der Verleihung des Ehrengoldes im Palast des Königs statt, den eigentlich niemand betreten durfte. Der König erschien an einem besonderen Fenster, das sich zu einem Hof des Palastes öffnete. Dort wartete der Beamte in Anwesenheit des Hofstaates auf den König. Nach einigen Opfern überreichte der König persönlich in Anwesenheit seiner Familie (seit Echnaton) in einer feierlichen Zeremonie dem Beamten das Gold und machte ihn unter dem Jubel der Anwesenden zum reichen Mann. Gelegentlich wurden auch Frauen mit dem Ehrengold ausgezeichnet.

Die Goldverarbeitung

In den Palast- und Tempelwerkstätten wurde das kostbare Rohmaterial von den Goldarbeitern weiterverarbeitet. Zuerst wurde das in Barren, Ringen oder als Staub angelieferte Gold in kleinen Tiegeln geschmolzen und in neue Formen gegossen. So erhielt man beispielsweise Goldblech, welches dann von Spezialisten weiterverarbeitet werden

◀ Blattgold zur Vergoldung von Skulpturen und Mobiliar, 6.–4. Jh. v. Chr.

▲ Mumienmaske des Chaemwêse. Der ägyptische Prinz war der Lieblingssohn des Pharaos Ramses II. und Hohepriester des Ptah in Memphis.

◀ Die ägyptische Hieroglyphe für »Gold«, die sich von der Abbildung eines Perlenkragens herleitet.

konnte. Man verstand sich auch auf die Herstellung von Blattgold und Goldverkleidungen für Möbel oder Architekturteile. So erhielten die großen Obelisken oft eine Spitze aus Elektron.

In speziellen Juwelierwerkstätten wurde der Schmuck hergestellt, den wir immer wieder so zahlreich als Grabbeigaben finden. Als Juweliere werden seit ältester Zeit häufig Zwerge genannt, die mit ihren kleinen Fingern besonders feine Details herstellen konnten. Diese Juweliere waren hoch angesehen, einer durfte im Alten Reich sogar eine Prinzessin heiraten und stieg somit in die Staatsspitze auf. Neben Schmuck fertigte man aus Gold zu allen Zeiten auch Prunkwaffen, Kultgeräte, Statuen, Särge und Mumienmasken in den Werkstätten. Dabei verfügten die altägyptischen Juweliere über eine Vielzahl von technischen Möglichkeiten, Gold zu verarbeiten.

Gefäße wurden häufig in Treibetechnik hergestellt. Auch die berühmte Goldmaske des Tutanchamun wurde so gefertigt. Wunderbare Ziselierungen schmückten häufig jede freie Fläche auf den Schmuckstücken. Auch die Granulation war als Verzierungsmöglichkeit bekannt, wenn auch die Ägypter nie die Meisterschaft der späteren etruskischen Goldschmiede erreichten. Schwierige Partien konnten in Formen getrieben werden, eine Art Serienfertigung, da diese Formen mehrfach benutzt

◀◀ (Vorhergehende Doppelseite) Kopfstück des zweiten der drei ineinander geschachtelten Goldsärge Tutanchamuns (Detail). Auf allen drei Sarkophagen ist der König mit Kopfbedeckung und Zeremonienbart dargestellt.

◀ Anhänger aus dem Grabschatz des Tutanchamun. Der Schmuck zeigt einen Skarabäus, tierische Verkörperung des ägyptischen Schöpfergottes Chepr, mit der Sonnenscheibe. Der Skarabäus sitzt zwischen zwei Pavianen mit Mondscheiben über den Köpfen in einem Himmelsboot.

▲ Brustschmuck in Schreinform. Die mittlere Szene zeigt eine Figur mit den königlichen Insignien Krummstab und Geißel, die von der geflügelten Uräusschlange und dem Geier flankiert wird. Das Stück gehörte zum Grabschatz Tutanchamuns.

werden konnten. Goldblech konnte auch zu Draht weiterverarbeitet werden, was für die Herstellung der großen Halskragen unverzichtbar war, die ja auf ein Drahtgeflecht aufgezogen waren.

Meisterhaft verstanden es die Juweliere, verschiedene Materialien zu verbinden. Edelmetalle wurden miteinander verlötet, Einlagen aus Halbedelsteinen wurden mit kaum sichtbaren Fassungen gehalten und auch verklebt. Unschlagbare Meister schließlich waren die altägyptischen Goldarbeiter in der Emaillierung: Nur sie verstanden es, Goldobjekte mit Glasfluss zu verzieren. Ein prachtvolles Beispiel dafür ist wieder die berühmte Goldmaske des Tutanchamun. Auch die Tauschierung, also die Einlage von Gold in Silber und umgekehrt, beherrschten die Ägypter perfekt. Später übernahmen sie von den hellenistischen Griechen auch die Technik der Filigranarbeit.

Was die Ägypter allerdings nicht beherrschten, war die Trennung von Gold und Silber, da ihnen die Salpetersäure fehlte. Daher konnten sie das Elektron, das etwa zu 60 Prozent aus Gold und zu 40 Prozent aus Silber besteht, nicht trennen und mussten es so verarbeiten wie es aus den Minen kam.

Silber war im alten Ägypten äußerst selten, da es zu allen Zeiten importiert werden musste und entsprechend teuer war. So verwundert es nicht, dass bis Mitte des 2. Jahrtsd.s v. Chr. Silber in Ägypten doppelt so teuer wie Gold war. Erst als Ägypten mit der Eroberung weiter Teile von Syrien durch die Pharaonen der frühen 18. Dynastie Silber leichter und billiger beziehen konnte, sank der Wert auf ein Verhältnis von 1:1. Wenig später war Gold dann wertvoller als Silber, etwa im Verhältnis 2:1. Hier machte sich offensichtlich der stark gestiegene Außenhandel bemerkbar, denn die Nachfrage nach ägyptischem Gold, welches gewöhnlich mit Silber oder Edelsteinen bezahlt wurde, war riesig.

Da die Geschäfte in Silber getätigt wurden, machten die Ägypter unvorstellbare Gewinne. Man muss nur berücksichtigen, dass beispielsweise im Hethiterreich Gold um ein Vielfaches wertvoller war als Silber – kein Wunder, dass der Handel mit Vorderasien ungeheure Menge an Silber ins Land spülte und der Wert in Relation zum Gold daher ständig sank.

▲ Teilansicht des vergoldeten Kanopenschreins Tutanchamuns. Der Schrein wird von vier etwa 90 cm hohen Göttinnenstatuen beschützt. Neben der hier abgebildeten Schutzgöttin Selkis breiten auf den anderen Seiten des Eingeweideschreins Isis, Nephtys und Neith schützend ihre Arme aus.

▶ Goldener Siegelring des Tutanchamun. Die Namenskartusche trägt den Ehrentitel des Königs, »Neb-chepr-u-Re«.

▶▶ Goldene Mumienmaske Tutanchamuns. Der Pharao trägt ein *nemes*, das traditionelle königliche Kopftuch der Pharaonen.

▲ Rekonstruktion der Vorkammer des Tutanchamun-Grabes. Der erste Raum des Heiligtums beherbergte verschiedenes Mobiliar, Truhen mit Leinen und Kleidung sowie Gefäße mit Nahrung für den toten König. Am Eingang zur Sargkammer standen zwei Wächterstatuen.

Der goldene Pharao

»Es dauerte ein wenig, bis man etwas sehen konnte, … doch sobald sich die Augen an das schwache Licht gewöhnt hatten, tauchte allmählich das Innere der Kammer vor uns auf, ein fremdartiges und wunderbares Durcheinander von außergewöhnlichen und schönen Gegenständen, hoch aufgetürmt. Für diejenigen, die nichts sehen konnten, war die Spannung natürlich unerträglich, und als Lord Carnarvon mich fragte: ›Können Sie etwas sehen?‹, antwortete ich: ›Ja, es ist einfach wundervoll!‹«

So beschrieb der britische Archäologe Howard Carter die sensationelle Entdeckung des Grabes des Tutanchamun am 26. November 1922. Der sehr jung verstorbene Pharao lag in einem mehr als 110 Kilogramm schweren, massiv goldenen Sarg, sein Kopf war mit einer goldenen Mumienmaske bedeckt. Zahlreiche goldene Gefäße und Eingeweidesärge, das goldene Diadem, vergoldete Statuetten und Waffen und ver-

goldete Möbel aller Art – darunter sein herrlicher Königsthron – und die riesigen, mit Goldblech verkleideten Schreine und Särge vervollständigten die Grabausstattung dieses historisch eher unbedeutenden Pharaos.

Aber auch die Beamten und Priester sorgten schon zu Lebzeiten für ihre Grabausstattung, die ja nach der altägyptischen Vorstellung ein Weiterleben nach dem Tode garantierte und daher unabdingbar war. Natürlich eiferten die Beamten dabei ihrem König nach und trugen ihr ganzes Leben lang kostbare Dinge zusammen, um sie in ihren Gräbern als Versorgung für die Ewigkeit zur Verfügung zu haben. Da aber die Gewinnung von Gold königliches Monopol war, konnten Privatleute Kostbarkeiten aus diesem Material fast nur als Geschenk des Pharaos erhalten – und das erhielten sie natürlich nur bei uneingeschränkter Loyalität. Damit reichte die Macht des Königs sogar über den Tod des Einzelnen hinaus – jedenfalls solange diese Vorstellungen über das Jenseits noch allgemein geteilt und beachtet wurden.

▲ Pyramiden von Giseh. Die gewaltigen Grabmonumente der Pharaonen Cheops, Chephren und Mykerinos wurden von etwa 2540 bis 2450 v. Chr. erbaut. Mit ihren je fast 137 Metern Höhe sind die Cheops- und die Chephrenpyramide die größten Ägyptens.

Ein geständiger Grabräuber

»Wir fanden auch diese edle Mumie dieses Königs (Sebekemsaef II., 17. Dynastie, um 1580 v. Chr.), ausgestattet wie ein Soldat. Eine große Anzahl Amulette und Goldschmuck war an seinem Nacken und seine Mumienmaske aus Gold war an ihm. Die edle Mumie des Königs war gänzlich mit Gold bedeckt und sein innerster Sarg war innen verziert mit Gold und Silber und außen mit Einlagen aus allen Arten von Edelsteinen. Wir stahlen das Gold ... Wir fanden die Königin und stahlen von ihr ebenfalls alles, was wir fanden. Dann legten wir Feuer an ihre inneren Särge und raubten ihre Grabausstattung, die wir bei ihnen fanden, Objekte aus Gold, Silber und Bronze, und teilten sie unter uns auf.«

Im Prozessprotokoll heißt es dann: »Summe der Männer, die im Grab dieses Gottes (= Pharao) waren: acht. Sie wurden befragt durch Stockschläge und ihre Hände und Füße wurden verdreht und sie erzählten alle dieselbe Geschichte. Der Bürgermeister von Theben und Wesir Chaemwase und der königliche Schreiber und Truchsess des Pharaos Nesamun befahlen, die Diebe vor sie zu schleppen nach Theben-West (also ein Lokaltermin!) im Jahr 16 der Herrschaft Ramses' IX. ... Die Diebe bezeichneten das Grab dieses Gottes, in dem sie die Kammern ausgeplündert hatten. Ihr Prozess und ihr Urteil wurden protokolliert und eine Meldung zum Pharao geschickt.«

▶ Auszug aus einem altägyptischen Untersuchungsprotokoll

▲ Zentrales Schmuckmotiv dieses Armreifs des Pharaos Scheschonq II. ist wiederum der altägyptische Skarabäus. Der vergöttlichte Käfer aus Lapislazuli wird von einer in Filigrantechnik verzierten Goldblechfassung gehalten. Der Reif läuft in zwei mehrfarbig gestalteten Papyrusdolden aus.

▶ Ausschnitt der astronomischen Deckenbemalung im Grab Sethos' I. In Tierbildern, ähnlich unseren Tierkreiszeichen, werden die Hauptgestirnskonstellationen dargestellt. Das 1817 im »Tal der Könige« entdeckte Grabmal wurde bereits in pharaonischer Zeit beraubt.

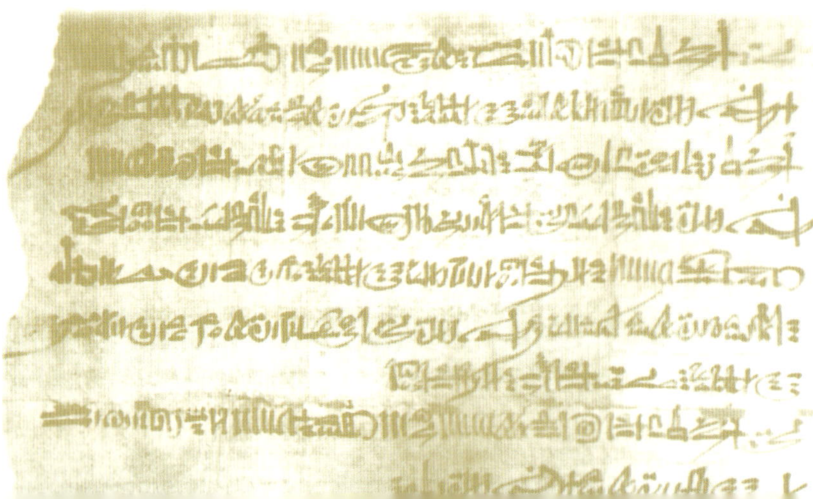

Das Vergraben von riesigen Mengen Goldes in den Gräbern hatte jedoch eine unbeabsichtigte, wenngleich äußerst wichtige wirtschaftliche Wirkung, denn nur so blieb das Gold trotz der großen Fördermengen knapp. Als Tauschmedium war es daher immer sehr begehrt und wurde allgemein – wie Silber und Kupfer auch – von den Menschen akzeptiert. Edelmetall hatte im alten Ägypten damit einen Geldcharakter, allerdings in einer frühen Vorstufe zu dem, was wir heute für Geld halten.

Der Grabraub

Die Begehrlichkeit nach Edelmetall führte zu einem äußerst problematischen Nebeneffekt. Seit Jahrtausenden war und ist der Grabraub in Ägypten Tradition. Schon am Ende des Alten Reichs (um 2100 v. Chr.), so erfahren wir aus einem Papyrus, wurden die Gräber der Vorfahren, also auch die großen Pyramiden in Giseh und Sakkara, geplündert. Trotz drakonischer Strafen – auf Grabraub stand mindestens Zwangsarbeit in den Steinbrüchen und Goldbergwerken, oftmals auch das Pfählen – hören wir immer wieder von erfolgreichen Grabräubereien, leider bis in die Gegenwart hinein. Der unermessliche Wert der Beute war schon immer stärker als die Angst vor Strafe.

Gegen Ende der 20. Dynastie nahmen die Grabräubereien schließlich überhand und der Staat entschloss sich die Gräber endlich besser zu schützen. Das war aus einem einfachen Grund bis zu diesem Zeitpunkt nur unzureichend geschehen: In den Grabraub waren auch hohe Staatsbeamte involviert und diese verhinderten lange Zeit erfolgreich eine eingehende Untersuchung.

Der König ordnete schließlich zahlreiche Maßnahmen gegen den organisierten Grabraub an, an dem neben den Beamten auch die Nekropolenarbeiter, also die Handwerker, die im Neuen Reich im Tal der Könige die Königsgräber gebaut hatten, beteiligt waren. Es sind einige Prozessakten aus dieser Zeit erhalten geblieben, aus denen wir Interessantes erfahren – ein außerordentlicher Glücksfall für die Ägyptologie.

Eine staatliche Kommission untersuchte (ca. 1122 v. Chr.) in der Regierungszeit Ramses' XI. die thebanischen Gräber und fand immerhin noch einige Königsgräber intakt, andere waren allerdings beschädigt und geplündert. Nur wenig später tauchten aber im Raum Theben-West immer wieder goldene Gegenstände auf, die ganz offensichtlich aus Königsgräbern stammten. Das konnte niemand mehr totschweigen und so wurde die Polizei aktiv und verhörte unter Folter zahlreiche Verdächtige; meist waren es Nekropolenarbeiter. Bei solch einer Inspektion stellte man an einem einzigen Tag Goldobjekte von mehr als fünf Kilogramm Gewicht sicher und beschlagnahmte diese in den Häusern der Arbeiter in Theben-West.

Für die einfachen Ägypter war der Besitz von Gold praktisch nicht möglich, denn sie erhielten kein Ehrengold vom König. Also konnten Goldgegenstände eigentlich nur aus Raubtaten stammen. Daher pflegten die Verdächtigen ihre Taten auch meist schnell zu gestehen, um die Qualen der Folter zu verkürzen.

Allerdings muss man andererseits berücksichtigen, dass Gold als Wertmesser im Warenaustausch durchaus verwendet werden durfte – aber natürlich nur in sehr kleinen Mengen, deren Erwerb dann nicht strafbar war. Doch war solch ein Handel natürlich gegebenenfalls leicht nachzuweisen.

Da das Wertverhältnis zwischen Gold, Silber, Bronze und Getreide gut bekannt ist, kann man eine recht interessante Berechnung anstellen:

Die Nekropolenarbeiter erhielten einen bestimmten Monatslohn in Bronze- oder Getreideeinheiten von der Staatsverwaltung. Der Sarg des Tutanchamun bestand aus ungefähr 110 Kilogramm Feingold. Diese Menge entsprach damit dem damaligen Monatslohn von sage und schreibe 35 000 Handwerkern – und der Goldsarg war nur ein Teil der gewaltigen Grabausstattung des Königs.

Gold als Mittel der Außenpolitik

Bereits die Pharaonen des Mittleren Reichs (um 2000 v. Chr.) hatten Teile Palästinas erobert, konnten die Gebiete allerdings nicht dauerhaft beherrschen. Das gelang erst den Königen der frühen 18. Dynastie (ca. 1500 v. Chr.) nach zahlreichen Feldzügen. Besonders die Beute aus den Eroberungen Thutmosis' III. brachte unermesslichen

◀ Armreif der Königin Amanischahete aus ihrer Pyramide bei Meroe. Das um die Zeitenwende entstandene, 6,4 cm breite Meisterwerk ägyptischer Goldschmiedekunst ist aufwendig mit goldenen Ornamenten und farbigem, in Cloisonné-Technik verarbeitetem Email verziert.

▶ Winzige goldene Ibis-Statuette von nur 4,8 cm Höhe mit Karneol-Einlagen, um 600 v. Chr. Der Ibis ist die Verkörperung des Mondgottes Thot, des göttlichen Erfinders der Schreib- und Rechenkunst.

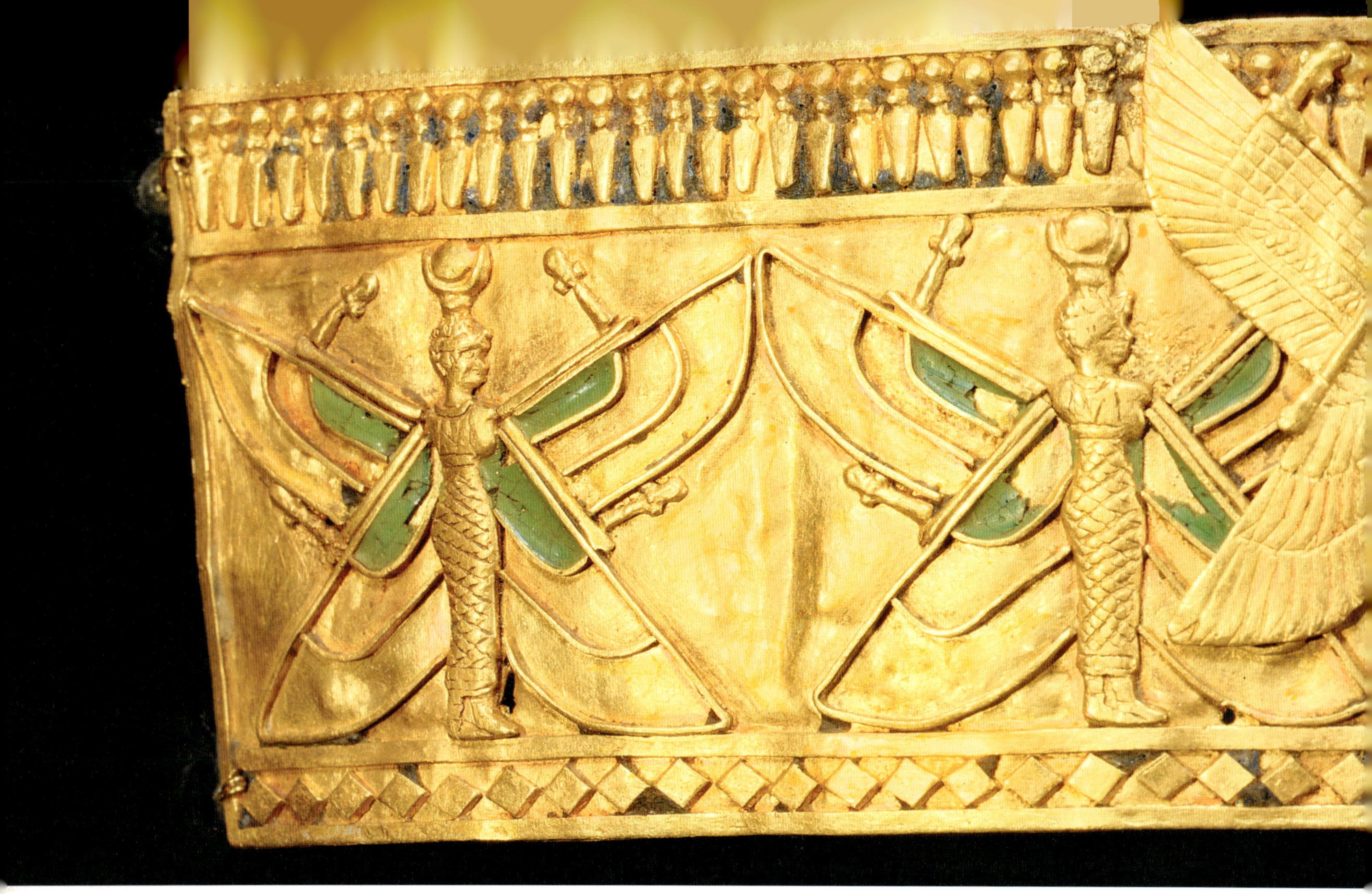

Reichtum an Gold, Silber, Edelsteinen und vielem mehr nach Ägypten. Viele syrische Städte zahlten fortan ihre Tribute in Form von Gold und Silber an den Pharao.

Hinzu kamen immer wieder reiche Geschenke der bedeutenden Könige von Babylon und Mitanni an den Pharao – hier wurde also das Gold immer wieder als politische und wirtschaftliche Waffe eingesetzt, und zwar von beiden Seiten.

So zahlte beispielsweise Amenophis III. über 660 Kilogramm Gold allein an den babylonischen Hof, um seine Herrschaft über Syrien zu sichern und ein strategisches Bündnis mit Babylon zu schließen. Und der König von Mitanni, der aus rein politischen Gründen sogar seine Tochter an den Pharao verheiratet hatte, gab dieser eine große Mitgift an Gold und Silber mit; insgesamt waren das allein an Gold über 50 Kilogramm.

Besonders aufschlussreich sind die schon erwähnten Annalen Thutmosis' III. im Amun-Tempel von Karnak. In seinem 24. Regierungsjahr (1466 v. Chr.) erbeutete er:

Fürstentochter, reich geschmückt mit Gold	*Menge: 1*
Wagen vergoldet	*Menge: 10*
davon mit goldener Deichsel	*Menge: 5*

So berichtete der König im knappen Stil der Annalen.

Im Jahr 34 seiner Regierungszeit erhielt derselbe Pharao als Tribut 45 Kilogramm Gold allein vom kleinen Königreich Nuchasse, einer Mittelmacht, gelegen zwischen dem Euphrat und der Mittelmeerküste; von der bedeutenden Handelsstadt Ullaza kamen im selben Jahr immerhin über 90 Kilogramm Gold als Tribut.

Doch wir hören auch immer wieder von Beschwerden über die Unreinheit des ägyptischen Goldes. So beklagt sich der babylonische König Kadeschman-Ellil bitter bei Amenophis III., dass das Gold aus Ägypten nur wie Silber gewesen sei. Hier war sicherlich kein Betrug von ägyptischer Seite geplant, denn man verschickte das Gold so, wie es gewonnen worden war, also auch als natürlich vorkommendes Elektron, das die Ägypter nicht trennen konnten, wie wir bereits festgestellt haben. Die Babylonier beherrschten jedoch dieses Scheideverfahren und wandten es daher auch an – mit dem Erfolg, dass eben nur 60 Prozent des Gewichts als Gold übrig blieb. Und das wurde entsprechend beklagt.

▲ Goldener Armreif der Königin Amanischahete. Das Scharnier, das die beiden Reifhälften verbindet, wird von der geflügelten Göttin Mut, der Gattin des Amun, verdeckt. Ihre Flügel in Zellenarbeit sind mit farbigem Glasfluss emailliert. Auch dieser Reif stammt aus der Pyramide der Königin bei Meroe und entstand um die Zeitenwende.

▲ Mumienporträt eines goldbekränzten Jünglings, 2.–4. Jh. v. Chr. Solche mit Wachsfarben auf Holz gestalteten Porträts wurden bei der Mumifizierung über dem Kopf des Verstorbenen mit eingewickelt und waren typisch für das hellenistisch geprägte Gebiet um Al Faijum bei Kairo.

Einmal bat der Herrscher von Byblos den ägyptischen König, dessen Lehnsmann er war, um 100 Minen Gold und 1000 Minen Silber (1 Mine zu rund 500 Gramm gerechnet), um den Abzug des Königs von Amurru zu erwirken, der Byblos belagerte. Amenophis verweigerte die Lieferung, Byblos wurde trotzdem nicht erobert und blieb unter ägyptischer Kontrolle.

Auch später wurde Politik häufig mit Gold gemacht. Nach der für Ägypten wenig schmeichelhaften Schlacht von Kadesch, in der die Hethiter die Ägypter unter der persönlichen Führung von Ramses II. beinahe vernichtend besiegt hätten, setzte eine rege Friedenspolitik ein (nach 1285 v. Chr.). Die ehemaligen Kriegsparteien tauschten schon bald Geschenke aus – darunter wieder große Mengen von Gold und Silber. Und der Erfolg ließ auch nicht lange auf sich warten, denn der geschickte und massive Einsatz des Reichtums Ägyptens führte zu einem regelrechten Friedensvertrag zwischen Ägypten und den Hethitern, der sogar mit einer politischen Ehe zwischen Ramses II. und einer hethitischen Prinzessin besiegelt wurde. Nach Abschluss dieses Vertrages, der auf silbernen Tafeln niedergeschrieben worden war, schickte Ramses II. als Zeichen seiner Freundschaft eine reichhaltige Geschenksendung an den Hethiterkönig:

»Nunmehr habe ich Geschenke an meinen Bruder gesandt, bestehend aus gutem Gold, aus Silber, aus Goldgeräten vom Erlesensten der Fremdländer, aus (Kriegs-)Panzern für Männer und Panzern für Pferde, aus Leinengewändern und aus schönen Balken aus Ebenholz. Und ich sandte außerdem noch Sklaven aus Nubien, Männer und Frauen aus Nubien, und ich ließ sie zum Großkönig, dem König des Landes Hatti, meinem Bruder, gehen.«

Ägypten lieferte das Gold meist als Rohstoff nach Vorderasien, der dann in den syrischen Werkstätten verarbeitet wurde. Diese Fertigprodukte waren in Ägypten sehr begehrt, sodass ein schwungvoller und für alle Partner vorteilhafter Handel die Folge war. Seit dem Neuen Reich finden wir daher in den Gräbern immer wieder auch syrische Gefäße als Grabbeigaben.

Der Reichtum Ägyptens war sogar noch in römischer Zeit berühmt. So hatte der ptolemäische König Ptolemaios XII. (Auletes = der Flötenspieler), der Vater der berühmten Kleopatra, große Probleme mit dem eigenen Volk. Er wurde von seiner Tochter Berenike sogar aus Ägypten vertrieben, ging nach Rom und erreichte dort durch Bestechung, dass eine römische Armee ihn wieder als König einsetzte. Und wie erlangte er diesen ungewöhnlichen Erfolg? Ganz einfach: Er bestach praktisch alle wichtigen Senatoren und auch die beiden bedeutendsten Politiker dieser Zeit, nämlich Pompeius und Cäsar. Im Jahr 59 v. Chr. gehen 6000 Talente (das entspricht etwa zwölf Tonnen) Gold und Silber allein an Cäsar und Pompeius. Nur ein Jahr später werden noch einmal 10 000 Talente als Bestechung eingesetzt – und mit römischer Hilfe wird Auletes umgehend wieder Pharao in Ägypten.

Später richtete seine Tochter Kleopatra aus eigenem Geld eine riesige Flotte aus, um ihren Ehemann Marcus Antonius im Kampf gegen Octavianus, den späteren Kaiser Augustus, zu unterstützen – vergeblich, wie wir heute wissen. Und auch nach diesem gewaltigen Aderlass war Ägypten immer noch ein derart reiches Land, dass Augustus es zum kaiserlichen Privatvermögen rechnete, das kein Römer ohne seine Zustimmung betreten durfte.

▶ Auf der Vorderseite dieser Goldmünze sieht man eine hieroglyphische Inschrift, die »nbw nefer« zu lesen ist, was einfach »Feingold« heißt. Auf der Rückseite ist ein springendes Pferd abgebildet – ein Motiv, das den Griechen aus ihrer eigenen Prägung bestens bekannt war.

Die einzige pharaonische Goldmünze

Gegen Ende der pharaonischen Geschichte fand für kurze Zeit auch in Ägypten Münzprägung statt. In Kleinasien wurden bereits seit dem 7./6. Jh. v. Chr. Münzen geprägt. Die Griechen übernahmen sehr schnell diese bequeme Zahlungsweise im großen Stil, sodass fast alle wichtigen Städte Münzen prägten. Dabei waren die Münzen allerdings nicht einheitlich im Gewicht, vielmehr prägte fast jede Stadt nach einem eigenen Gewichtsstandard. So gab es in Athen den attischen Münzfuß, in Rhodos den rhodischen, in Milet den miletischen und so fort …

Die Pharaonen in Ägypten übernahmen diesen Trend erst in hellenistischer Zeit nach der Eroberung durch Alexander den Großen. Allerdings mit einer wichtigen Ausnahme:

Als um 360 v. Chr. nach langen Kämpfen die persische Fremdherrschaft mithilfe von griechischen Söldnern abgeschüttelt werden konnte, verlangten diese Söldner ihre Bezahlung in Form von Goldmünzen, wie sie sie aus ihrem Kulturbereich kannten. Pharao Nektanebos II. (360–342 v. Chr.), dessen Vater Teos die athenischen und spartanischen Söldner angeworben hatte, ließ daraufhin Goldmünzen im attischen Gewicht von etwa 8,5 Gramm prägen. Die Stempelschneider und Münzpräger dürften Griechen gewesen sein, da in Ägypten diese Berufe damals noch völlig unbekannt gewesen sind.

Gold in der Religion

Der hohe Wert des Goldes legte es schon immer nahe, dieses Edelmetall auch religiös zu überhöhen und seinen Wert dadurch weiter zu steigern. Die Ägypter beschreiben ihre Götter als Wesen mit »goldenem Fleisch«. Ein Mythos sagt über das Aussehen des alten Sonnengottes: »... seine Knochen (sind) silbern, sein Fleisch golden und sein Haar echter Lapislazuli...«

Damit erheben sich die Götter allein aufgrund ihrer Gestalt über alle Menschen. Der Einzige, der sich den Göttern in seiner Gestalt wenigstens annähern konnte, war der Pharao, der ja über Gold verfügte und somit in den göttlichen Bereich eingehen konnte. Man denke in diesem Zusammenhang nur an den goldenen Sarg Tutanchamuns, der den Körper des verstorbenen Königs umhüllte, also wie das Fleisch der Götter wirken musste.

Auch im täglichen Leben gehörte goldener Zierrat zum Pharao, vergoldete Kleidung glich ihn im Aussehen den Göttern an. Die beste antike Vorstellung vom Aussehen eines gottähnlichen Königs gibt uns Plutarch, der den Einzug der Kleopatra VII. nach Tarsos beschreibt, wo sie den römischen Feldherrn Marcus Antonius getroffen hat:

»Auf einer Barke mit goldenem Heck, deren purpurfarbene Segel sich im Winde blähten, fuhr sie (Kleopatra) den Fluss Knydos hinauf, während ihre Ruderer das Wasser mit silbernen Rudern streichelten ... Kleopatra selbst lag unter einem Baldachin aus Goldbrokat, als Aphrodite gekleidet ...«

In diesem Stil geht die Beschreibung Plutarchs noch lange weiter. Antonius war entsprechend beeindruckt und verliebte sich in die »göttliche Königin«, was historisch nicht ohne Folgen blieb.

▶ Anhänger des Königs Oserkon II., der die Gottheit Osiris, den Herrn des Jenseits, zwischen seiner Schwester und Gemahlin Isis und seinem Sohn Horus als Triade zeigt. Der Goldschmuck hat Einlagen aus Lapislazuli und rotem Glas, um 874–850 v. Chr.

◀ Massiv goldener Widderkopf eines königlichen Brustschmucks aus der Zeit um 700 v. Chr. Der Tierkopf wird von einer Uräusschlange gekrönt, deren Schwanz sich nach hinten zu einer Öse ringelt, die zur Befestigung des Anhängers an einer Kordel diente. Der Widder ist die tierische Verkörperung des Gottes Amun.

Generell wurde der König immer wieder – besonders im Neuen Reich – eng mit Gold in Verbindung gesetzt. So wird er mit einer goldenen Namenskartusche geboren und mit einem Kopftuch aus Lapislazuli, dem in Ägypten kostbarsten Edelstein, aus dem, wie bereits erwähnt, die Haare des Gottes Re gefertigt waren. Er wird ernährt durch bestimmte Göttinnen, allen voran Hathor, die als Muttergottheit den König mit goldenen Brüsten säugt und häufig den Beinamen »die Goldene« trägt. Stirbt ein Pharao, so steigt er auf einer goldenen Leiter in den Himmel auf. Und es ist natürlich kein Wunder, dass die Sonne schon allein aufgrund ihrer Farbe eng mit dem Gold verbunden worden ist.

Aber sogar auch die Götter benutzen das Gold, um ihre Interessen durchzusetzen. Ein Mythos berichtet von schweren Auseinandersetzungen des Gottes Seth um die Herrschaft über Ägypten mit dem jungen Horus, der von seiner Mutter Isis unterstützt wurde. Horus geriet ins Hintertreffen, die Götter beschlossen ihre Gerichtssitzung auf eine Insel zu verlegen und schlossen Isis auf Wunsch des Seth von jeder weiteren Beteiligung aus. Daraufhin bestach die listenreiche Mutter des Horus den Fährmann mit einem goldenen Ring, gelangte auf die Insel und konnte schließlich Horus zum Sieg verhelfen.

König Midas' Erben

Gold in der Welt der Antike

Der römische Dichter Ovid erzählt die Sage des goldgierigen Königs Midas, dem der Weingott die Erfüllung eines Wunsches gewährte. Midas erbat sich, dass alles, was er berühren würde, zu Gold werden möge. Glücklich über seine Gabe, verwandelte der König mit spielerischer Freude die unterschiedlichsten Gegenstände zu Gold, bis ihm beim Mahl mit Schrecken bewusst wurde, welch törichten Wunsch er sich hatte erfüllen lassen: Auch die Speisen wurden in seinen Händen zu Gold.

Die Midaslegende verdeutlicht, welch ambivalente Beziehung bereits die Menschen der Antike zum Gold hatten. Einerseits war es der göttlichen Sphäre zugeordnet und fand häufig im kultischen Bereich Verwendung, andererseits verlieh es weltliche Macht und Ansehen und leistete so den niedersten Instinkten des Menschen Vorschub – Habgier, Neid und Prunksucht ließen das edelste aller Metalle zur bevorzugten Zielscheibe der Kritik von Philosophen und Literaten werden.

◀ »Maske des Agamemnon«, 16. Jh. v. Chr. Die goldene Totenmaske wurde lange Zeit dem aus den Epen Homers berühmten König und Führer der Griechen gegen Troja zugeschrieben. Heinrich Schliemann fand sie bei seinen Ausgrabungen der antiken Stadt Mykene.

Der alte Orient kann, neben Ägypten, als Wiege der Goldschmiedekunst bezeichnet werden. Bereits für die Mitte des 3. Jahrtsd.s v. Chr. sind in Vorderasien nahezu alle Goldschmelz- und Schmiedetechniken, die bis auf den heutigen Tag verwendet werden, nachweisbar. Zu diesem Zeitpunkt war im Gebiet des heutigen Griechenlands oder gar Italiens das Goldschmieden eine noch unbekannte Kunst. Die Kulturen des Orients hingegen kamen mit dieser sehr früh in Berührung, da Ägypten und Kleinasien über reiche Goldvorkommen verfügten, die auf dem Importwege in die Zentren der vorderasiatischen Hochkulturen gelangten. Gerade der Goldreichtum Kleinasiens führte zu Legendenbildungen. So wurde die starke Goldhaltigkeit des dort gelegenen Flusses Paktolos damit erklärt, dass der bereits erwähnte Phrygerkönig Midas sich in seinen Wassern von seiner fatalen Gabe, Gold durch Berührung jedweden Gegenstandes zu erzeugen, reingewaschen hatte. Phrygien benachbart lag Lydien, dessen Herrscher über derart sagenhaften Goldreichtum verfügte, dass sein Name sogar Bestandteil des modernen deutschen Sprachgebrauchs wurde: Wer heutzutage behauptet, er sei kein »Krösus«, hat diese Redensart der historischen Person des lydischen Königs (reg. 560–546 v. Chr.) ebendieses Namens zu verdanken.

Dass die Goldschmiedekunst bereits sehr früh ein äußerst hohes Niveau erreicht hatte, bezeugen die Funde in den so genannten Königsgräbern von Ur, einer sumerischen Stadt, die heute auf dem Staatsgebiet des Irak liegt. In den Jahren 1922–1934 durch ein Archäologenteam unter britischer Leitung erschlossen, kamen in der Nekropole, die auf die Zeit um 2500 v. Chr. zu datieren ist, Grabbeigaben von erstrangigem künstlerischem Wert zum Vorschein, darunter der Helm des Königs Meskalamdug, dessen Details bei starker Stilisierung extrem fein und präzise ausgearbeitet sind.

Gold in Religion und Wirtschaft

Die Funde in den Königsgräbern von Ur deuten an, welcher Sphäre Goldobjekte vornehmlich zugeordnet waren. Gold diente zum einen der Selbstrepräsentation des Herrschers, zum anderen wurde es im Bereich des Kultes verwendet. Der griechische Geschichtsschreiber Herodot (ca. 490–430 v. Chr.) berichtet von Götterstatuen aus

◀ Goldener Stierkopf am Klangkörper eines Saiteninstruments, gefunden in einem Königsgrab in Ur. Schon um 2500 v. Chr. war Ur politisches Zentrum des sumerischen Reiches und Wiege der altorientalischen Hochkultur.

▶ Statuette einer sitzenden Gottheit aus Gold und Bronze aus Syrien, Höhe 13,5 cm, 14. Jh. v. Chr. Meist stellten Bildnisse dieser Art vergöttlichte Herrscher dar und wurden in Kultstätten aufgestellt.

massivem Gold in den Tempeln Babylons, deren Dimensionen so unglaublich erscheinen, dass Herodot vorsichtig anmerkt, sie selbst nicht gesehen zu haben. Die Griechen, deren Götterbildnisse in den allermeisten Fällen lediglich einzelne Goldelemente enthielten, deren Rohstoff auch nur mit Mühe zusammengetragen werden konnte, standen einem derart überbordenden Reichtum fassungslos gegenüber. Standbilder, die samt und sonders aus Gold bestanden, waren insgesamt eine typisch orientalische Erscheinung, sodass sie sogar des Öfteren im Alten Testament erwähnt wurden.

Neben seiner Funktion in Kultus und monarchischer Selbstdarstellung besaß das Gold als meistgeschätztes Edelmetall auch eine große Bedeutung als Wirtschaftsfaktor. In Syrien und Palästina wurde Gold in länglichen flachen Stücken zeitweise als Zahlungsmittel eingesetzt. Weltliche und geistliche Macht legten Vorräte von Goldobjekten an, die sich als Handelskapital einsetzen ließen. Um diese Schätze zu mehren, wurden im Krieg unterlegene Völkerschaften zu Tributzahlungen in Gold verpflichtet.

Persien – Reich des Goldes

Unter den großen Reichen Vorderasiens verdient Persien besondere Erwähnung. Um die Mitte des 6. Jh.s v. Chr. stieg es durch die Tatkraft Kyros' des Großen, der dem Geschlecht der Achämeniden entstammte, die noch wenige Jahrzehnte zuvor ein unbedeutender iranischer Stamm gewesen waren, zum bis dahin größten und bestverwalteten Reich der Alten Welt auf. Für die Kulturgeschichte des Goldes ist dieses historische Ereignis insofern von Bedeutung, als sich in der Folge eine höfische Kultur von unerhörter Prachtentfaltung entwickelte, die gerade den benachbarten Griechen absurd erscheinen mochte. Die politischen Systeme der beiden wichtigsten Staa-

▲ Achämenidisches Goldbrakteat mit zwei Löwenköpfen, 5. Jh. v. Chr. Die mächtige Dynastie der Achämeniden beherrschte das gewaltige persische Reich vom 6.–4. Jh. v. Chr.

◄ Bronzebeschlag eines persischen Köchers. Der Dekor zeigt den persischen Sonnengott Ahuramazda, den obersten Gott und Schöpfer der Welt, inmitten der geflügelten Sonnenscheibe, 9. Jh. v. Chr.

▲ Der aus feinstem Goldblech gefertigte Kranz aus naturgetreu nachgebildeten Olivenblättern wurde in einem parthischen Grab im heutigen Irak gefunden, 3. Jh. n. Chr.

ten Griechenlands, Athen und Sparta, schlossen ein derartig vom Luxus bestimmtes Gesellschaftsleben von vornherein aus. Sparta war der Kriegerstaat par excellence und in Athen hatte sich im Laufe des 6. Jh.s eine Gesellschaftsform entwickelt, die bis heute Vorbildcharakter besitzt: die Demokratie. Der Mentalität der Athener Bürger, die auf einem zutiefst empfundenen Gemeinschaftsgefühl beruhte und damit den privaten Luxus grundsätzlich dem Gemeinwohl unterordnete, widersprach die Prunksucht und der damit verbundene verschwenderische Umgang mit Gold in eklatanter Weise. Gold, ohnehin ein rares Gut, war im Athen der Demokratie vornehmlich den Göttern vorbehalten – und häufig Gemeingut, da die mit Gold armierten Götterstatuen Staatsbesitz waren.

Gold im alten Griechenland

Das erste bedeutende Kulturvolk im Bereich der Ägäis, waren die Minoer (nachweisbar seit etwa 2200 v. Chr.). Sie hatten ihren Sitz auf der Insel Kreta. Die Blüte der minoischen Kultur währte bis ungefähr 1450 v. Chr., dann machten Naturkatastrophen und das Vordringen der Mykener, die das Festland bereits seit dem Ende des 17. Jh.s kontrolliert hatten, der Herrlichkeit des Inselvolkes ein Ende. Bis ins 12. Jh. v. Chr. hinein sollten die Mykener Griechenland und die Ägäis beherrschen.

Die Entdeckung der mykenischen Kultur geht auf den deutschen Archäologen Heinrich Schliemann zurück. Bei Grabungen in Mykene stieß er auf diverse Schachtgräber, in denen sich Goldobjekte höchster künstlerischer Qualität fanden, darunter sechs Totenmasken, von denen die so genannte Agamemnonmaske die berühmteste ist. Es stellte sich zwar heraus, dass diese Totenmaske nicht dem König Agamemnon aus den Epen Homers zuzuordnen ist, dennoch war der Fund sensationell. Das aus dem 16. Jh. v. Chr. stammende Stück ist ein Zeugnis für den nirgendwo sonst in der Ägäis anzutreffenden Brauch, das Gesicht eines Verstorbenen mit einer Goldmaske zu bedecken.

Die ebenfalls in den Grabkammern vorgefundenen Schmuckstücke und Prunkwaffen zeugen von der Bedeutung des Goldes im Rahmen des mykenischen Begräbniszeremoniells. Da Griechenland an sich arm an Goldvorkommen war, ist zu vermuten, dass das Gold im Orient oder Ägypten angekauft wurde. Dies lässt wiederum auf den großen Reichtum Mykenes schließen, ein Reichtum, den seine Herrscher über den Tod hinaus zu demonstrieren gedachten.

Der Zusammenbruch der mykenischen Kultur im Laufe des 12. Jh.s stellt nach wie vor ein ungelöstes Rätsel der Geschichtsforschung dar. Welch katastrophales Ereignis auch immer dahinter stand, es folgte eine

▼ Griechische und persische Münzen. Die obere Abbildung zeigt einen griechischen Goldsilber-Stater mit dem Motiv eines weidenden Hirsches aus dem 6. Jh. v. Chr. Darunter ein persischer Goldstater aus dem 5. Jh. v. Chr.

Der Schatz des Priamos

Die kretisch-mykenische Kultur war Mitte des 19. Jh.s noch vollkommen unbekannt. Erst die Ausgrabungen des deutschen Archäologen Heinrich Schliemann (1822–1890) brachten die Existenz einer prähistorischen Hochkultur in der Ägäis zum Vorschein. Schliemann stützte sich bei seinen Erkundungen auf die Epen Homers, die bis dato als reine Legenden angesehen worden waren.

Die Goldschätze, die Schliemann in Troja (Ausgrabungsbeginn 1871) und in Mykene (erforscht ab 1876) entdeckte, gehören zu den größten und wertvollsten Funden in der Geschichte der Archäologie, erst übertroffen durch die Entdeckung des Grabschatzes des Pharaos Tutanchamun im Jahr 1922.

In seinem Werk »Trojanische Altertümer« berichtet Schliemann selbst über die Umstände der Bergung des so genannten »Priamosschatzes«: Am 31. Mai 1873 fiel Schliemann bei den Grabungsarbeiten ein kupferner Gegenstand ins Auge, hinter dem er, wie er schreibt, »Gold zu bemerken glaubte«. Wohlweislich schickte der Forscher seine Arbeiter in die Mittagspause, um den Schatz unbehelligt nur mithilfe seiner Frau (die übrigens in Wahrheit gar nicht anwesend war) bergen zu können. Unter Einsatz seines Lebens, denn die umstehenden Mauern schienen dem Einsturz nahe, buddelte Schliemann, lediglich mit einem Messer bewaffnet, in fieberhafter Arbeit eine schier unglaubliche Fülle goldener Schmuckstücke aus der Erde. Schliemann, glühender Verehrer der mythischen Welt Homers, war augenblicklich der Überzeugung, den Schatz des Priamos, des Königs von Troja, gefunden zu haben.

Wie sich später zeigte, hatte sich Schliemann jedoch geirrt. Denn in Wahrheit dürfte sein Fund über 1000 Jahre vor der Ära des Priamos, nämlich zwischen 2400 und 2300 v. Chr., entstanden sein. Trotzdem erweiterte der Fund den Horizont der Altertumswissenschaft beträchtlich.

◄ Die goldene Schale, der Becher und die Kugelflasche sind originalgetreue Repliken von Objekten, die Heinrich Schliemann bei seinen Ausgrabungen in Troja fand. Die Originale aus dem 23. Jh. v. Chr. sind seit dem 2. Weltkrieg verschollen.

Zeit, die man oft als »Dunkles Zeitalter« bezeichnet, da über sie so gut wie nichts bekannt ist. Tatsache ist, dass damals große Völkerwanderungen stattfanden und das indogermanische Volk der Dorer Mittel- und Südgriechenland besiedelte. In dieser Epoche der Unrast konnte es keinesfalls zur Entwicklung einer Hochkultur kommen, stattdessen sanken die Bevölkerungszahlen. Das Fehlen einer Kultur des Goldes erscheint als logische Konsequenz derartiger Zustände.

Das Gold der Aristokratie

Erst ab etwa 800 v. Chr. stabilisierte sich die Lage. Die griechischen Stadtstaaten, die Poleis, entstanden, womit der Aufbau von Wirtschaft und Handel wieder möglich wurde. Aus ebendieser Zeit des Wiederaufbaus stammen auch die Epen Homers, in denen unter anderem das Andenken des alten Mykene und seiner Reichtümer gefeiert wird – die Erzeugnisse der Goldschmiedekunst finden häufige Erwähnung.

Die griechische Goldschmiedekunst empfing erste Anstöße aus Ägypten und dem Orient. Zunächst wurden Bildwerke aus Gold im Bestattungswesen eingesetzt: Kastenförmige Urnen wurden mit Goldplättchen, die figurative Motive zeigten, verkleidet.

Am sozialen Bedeutungsgehalt des Goldes und der Art seiner Verwendung lässt sich die gesellschaftliche Entwicklung der griechischen Stadtstaaten ablesen. Deren Geschicke wurden im 8. und 7. Jh. durch eine kleine Schicht von Adelsfamilien bestimmt. Aristokratische Gesellschaften besitzen beinahe zwangsläufig ein Bedürfnis nach Luxusgütern, wodurch es auch in den Poleis zu einer Blüte der Produktion von Goldobjekten für den Privatgebrauch kam. Gold wurde zum Statussymbol, das die Macht und den Einfluss der herrschenden Klasse versinnbildlichte.

Doch machte sich unter der teilweise recht wohlhabenden Bürgerschaft mit der Zeit ein gewisser Unmut breit. Die Ausbildung eines Infanterieregiments, der so genannten Hopliten, das der aristokratischen Reiterei Konkurrenz zu machen wusste, stärkte das

▲▲ Goldene Totenmaske aus Mykene. Das Stück gehört zu einer Gruppe von sechs Masken aus dem 16. Jh. v. Chr.

▲ Das aus Goldblech geschnittene dreiteilige Heiligtum aus dem 16. Jh. v. Chr. wurde von Heinricht Schliemann bei seinen Ausgrabungen in Mykene gefunden.

Selbstbewusstsein der nicht adeligen Schichten. Soziale Unruhen waren die Folge. Gleichzeitig wuchs die Skepsis gegenüber dem Gold als Gegenstand persönlichen Reichtums. Von einer eindeutigen Entwicklung der griechischen Mentalitätsgeschichte in Bezug auf Gold lässt sich jedoch vor dem 6. Jh. noch nicht sprechen. So wurden die Schmuckstücke des goldreichen Lydien immer wieder in Gedichten griechischer Lyriker des 7. und 6. Jh.s gepriesen.

Ein wirklicher Wendepunkt war im 6. Jh. erreicht. Das Gesellschaftssystem der Aristokratie geriet in eine Krise, die in Athen zur Entstehung der Tyrannis führte, der unrechtmäßigen Herrschaft eines einzelnen Machthabers. Die Veränderung der Machtverhältnisse hatte auch für die Beziehung der athenischen Gesellschaft zum Gold große Bedeutung. Es wurden Luxusgesetze erlassen, die den Privatbesitz von Gold, einst Statussymbol des aristokratisch regierten Athen, erheblich einschränkten. In der Folge nahm auch die Goldproduktion ab.

Gold im Athen des demokratischen Zeitalters

Das Athen der Demokratie führte fort, was unter der Tyrannenherrschaft begonnen hatte: Der private Besitz von Gold wurde zwar nicht unterbunden (einer Demokratie hätte ein solcher Schritt auch nicht zugestanden), allzu prestigeträchtig war er jedoch

► Dieser lebensgroße, meist als Porträt des Gottes Apollo interpretierte Kopf aus Elfenbein und Gold war wie sein Gegenstück links ursprünglich vermutlich Teil einer Statue. Bei der im antiken Griechenland weit verbreiteten Chryselephantintechnik wurden die nackten Körperteile der Skulpturen mit Elfenbein, die Kleidung und die Haare mit Gold belegt, 7. Jh. v. Chr.

◄ Ebenfalls in Goldelfenbeintechnik gearbeiteter Kopf einer Götterstatue, die wahrscheinlich die griechische Jagdgöttin Artemis, die Zwillingsschwester des Apollo, darstellte.

nicht mehr. Da mögen auch die Verse des angesichts des Zeitgeschehens hoffnungslos altmodisch-aristokratisch wirkenden Lyrikers Pindar (gest. 446 v. Chr.) wenig bewirkt haben: »Das Gold ist ein Sohn des Zeus; weder Rost noch Wurmfraß verdirbt es, und es erregt den menschlichen Sinn am stärksten.« Pindars Vers preist die sinnlichen Qualitäten des Goldes, was man als Verweis auf die höfisch-luxuriöse Kultur der Aristokratie deuten kann, die Bezugnahme auf die göttliche Sphäre jedoch spricht einen Aspekt an, der auch für die demokratische Gesellschaft Bedeutung hat. Denn das Gold als solches wurde auch im Athen der demokratischen Wende nicht gering geschätzt, lediglich sein Missbrauch durch eine Elite galt als problematisch. Gold in großen Mengen gebührte nicht den Sterblichen, sondern aufgrund seiner edlen Beschaffenheit allein den Göttern. Und so konzentrierte sich die Goldproduktion der griechischen Demokratie auf Weihegaben und Götterbildnisse.

Die berühmteste aller Götterstatuen war die so genannte Athena Parthenos, die von dem Bildhauer Phidias (gest. um 432 v. Chr.), einem der größten Künstler der Antike, geschaffen wurde. Kolossale zwölf Meter hoch, verdankte sie ihr Erscheinungsbild einer künstlerischen Methode, die als Goldelfenbeintechnik bezeichnet wird. Lediglich Teile des hohlen Götterbildnisses, namentlich die Gewandung, waren aus Gold gefertigt, der Körper an sich jedoch bestand aus Elfenbein. Eine großzügigere Verwendung des göttlichen Metalls, wie sie in Persien praktiziert wurde, hätte sich das mit Goldvorkommen nicht gerade gesegnete Griechenland gar nicht leisten können.

Die Athena Parthenos kann als Sinnbild des Kunstverständnisses der griechischen Demokratie verstanden werden. Kunst hatte in dieser Gesellschaft vor allem der Allgemeinheit zu dienen, die in den Tempeln die Mittelpunkte ihres gemeinschaftlich vollzogenen Lebens sah, was bedeutete, dass sakrale Kunstwerke wie die Athena Parthenos als Gut des »Demos«, des Volkes, angesehen wurden.

▶ Zeremonialhelm aus der Blütezeit der thrakischen Kunst, 6.–1. Jh. v. Chr. Der prunkvolle Helm ist mit Szenen aus der Mythologie dekoriert und wurde im heutigen Rumänien gefunden.

◀ Skythischer Schildschmuck in Form eines Panthers, 6. Jh. v. Chr. Besondere Eigenart dieses Stücks sind Schwanz und Tatzen des Tieres, die ihrerseits aus kleineren Katzentieren bestehen.

Die Athena Parthenos war nicht nur kulturelles Gemeingut, sie war auch wichtiger Bestandteil des Staatsschatzes. In höchst pragmatischer Weise betrachtete man die Goldbestände der Tempel als Finanzreserven, die notfalls flüssig gemacht werden konnten.

Alexanders Beute

Nachdem Alexander der Große im Jahre 336 v. Chr., erst 20 Jahre alt, die Regentschaft angetreten hatte, hegte er wohl sehr bald große Pläne. Seinem Vater, dem kurz zuvor ermordeten Makedonenkönig Philipp II., war es gelungen, die griechischen Einzelstaaten zu einem Bund zu vereinen. Alexander gedachte das Werk seines Vaters fortzuführen und das Persische Großreich, das Griechenland so viel Leid zugefügt hatte, zu vernichten. Trotz der zahlenmäßigen Unterlegenheit seiner Truppen und der geringen finanziellen Mittel, die ihm zur Verfügung standen (er konnte nicht einmal den Truppensold aufbringen), gelang es dem brillanten Feldherrn, dem persischen Heer am Granikos (334), bei Issos (333) und bei Gaugamela (332) vernichtende Niederlagen beizubringen, sodass das Reich des Erzfeindes schließlich fiel.

◀◀ (Vorhergehende Doppelseite) Das berühmte Bodenmosaik aus der Casa del Fauno in Pompeji, um 100 v. Chr., zeigt den Sieg Alexanders des Großen über den Perserkönig Darius III. in der Schlacht von Issos 333 v. Chr. Das Mosaik ist die Kopie eines griechischen Wandgemäldes aus dem 4. Jh. v. Chr.

▶ Achämenidische Reiterfigur aus dem sagenhaften Oxusschatz, der 1887 aus dem an der Grenze zwischen Afghanistan und Tadschikistan verlaufenden Fluss Amurdarja (Oxus) geborgen wurde. Der Oxusschatz enthielt fast 200 kostbarste Objekte aus Edelmetall, v. a. Schmuck, Waffen, Gefäße und Statuetten aus dem 5.–3. Jh. v. Chr.

Alexander plünderte bei seinen Eroberungszügen die unermesslich reichen Schatzkammern des Perserkönigs Darius III. und stieg so auch finanziell zum mächtigsten Herrscher der damaligen Welt auf. Die schnelle Erbeutung der persischen Edelmetallschätze war Teil von Alexanders Kalkül, denn ohne sie hätte der Makedonenkönig seinen Krieg nicht finanzieren können. Berichten des Chronisten Diodor zufolge konnte Alexander allein in der Schatzkammer der Königsstadt Persepolis Gold- und Silberbestände an sich bringen, die ein Gesamtgewicht von mehr als 750 000 Talenten besaßen – etwa 20 000 Tonnen. Der Wert dieser Beute würde heutzutage einer wahrscheinlich dreistelligen Milliardensumme entsprechen. Doch damit nicht genug: Fünf weitere Schatzhäuser wurden Opfer der Beutezüge Alexanders, darunter auch dasjenige der altehrwürdigen Perserresidenz Susa. Nur die große Schatzkammer von Ekbatana fand der große Feldherr leer vor. König Darius war ihm vorausgeeilt und hatte seine Schätze in der Umgebung vergraben lassen. Noch bevor Alexander die Stadt erreichte, wurde Darius von seinen eigenen Gefolgsleuten ermordet.

Weder Alexanders Truppen, die das Gelände über Wochen hinweg durchsuchten, noch den Römern, die mehrere Versuche zur Auffindung des Goldes unternahmen, gelang es je, des Perserschatzes habhaft zu werden.

Das Gold im alten Rom

Der Aufstieg Roms von einem unbedeutenden Flecken in Mittelitalien zur größten Weltmacht der Antike war, so sahen es die Römer selbst, in der Hauptsache auf drei Tugenden begründet: *pietas* (Frömmigkeit), *frugalitas* (Rechtschaffenheit) und *simplicitas* (Einfachheit). Eine Kulturgeschichte des Goldes im römischen Imperium zeigt, dass die Römer diese Ideale im Laufe der Zeit vollkommen beiseite legten, um statt bäuerlicher Bescheidenheit schnödester Eitelkeit zu frönen. Dieser Prozess ist schriftlich bestens dokumentiert, denn Philosophen und Literaten wurden nicht müde den Verlust urrömischer Werte zu beklagen.

Die Begegnung der in kultureller Hinsicht eher unterentwickelten Römer mit der hellenistischen Zivilisation bewirkte einen tief greifenden Wandel der römischen Gesellschaft. Das zuvor so sittenstrenge Rom entdeckte den Reiz einer überfeinerten Kultur, in der auch das Gold einen festen Platz einnahm. So begannen vor allem die weiblichen Mitglieder der herrschenden Klasse sich reich mit Goldgehängen zu schmücken, die zum Statussymbol avancierten. Dies musste bei konservativen, der altbewährten Sittenstrenge

▲ Wandrelief, Persepolis. Die ab dem 6. Jh. v. Chr. erbaute Sommerresidenz der Achämenidenherrscher wurde 330 v. Chr. von Alexander dem Großen niedergebrannt. In den Ruinen finden sich bis heute zahlreiche ähnliche Reliefdarstellungen auf Wänden und Treppen.

▲ Römische Ohrringe, 3. Jh. n. Chr. Die minutiös geschnitzten Gemmen, mit denen die Schmuckstücke verziert sind, zeigen Frauenköpfe. Erhaben geschnittene Schmucksteine erfreuten sich auch in nachantiker Zeit noch großer Beliebtheit.

▲ Drei Goldamulette aus dem 2.–3. Jh. n. Chr. Links ein so genannter »Bulla« aus Kleinasien, ein Schmuckanhänger in Form einer flachen Kapsel, in der man heilkräftiger Substanzen aufbewahrte; rechts ein römischer Halbmondanhänger mit filigranen Flechtbandornamenten; unten ein flach gebogenes Sichelamulett mit zwei Ösen, ebenfalls römisch.

verpflichteten Römern unweigerlich Anstoß erregen. Die im Zuge des Zweiten Punischen Krieges entstandene Notlage der Stadt wurde zum Anlass genommen, im Jahre 215 v. Chr. ein Luxusgesetz zu erlassen, die »Lex Oppia«, die den Frauen übermäßigen Goldbesitz untersagte. Doch die Römerinnen waren auf den Geschmack gekommen und zwanzig Jahre später wurde das Gesetz, angeblich auf energischstes Betreiben der Frauen, zurückgezogen.

Doch auch die Männer entwickelten eine Vorliebe für das gelbe Edelmetall: Der Goldring wurde zum Klassenprivileg. Zu Zeiten der Republik zeichnete er die Senatoren aus, später wurde er zum Signum des Ritterstandes.

Nachdem Griechenland im Jahr 146 v. Chr. römische Provinz geworden war, zogen zahlreiche griechische Künstler in ihre neue Hauptstadt, um dort den Bedarf an hochwertigen Kunstwerken aller Art zu befriedigen. Unter den so genannten »graeculi« befanden sich auch zahlreiche Goldschmiede und Metallarbeiter. Die Prunksucht wohlhabender Römer steigerte sich zusehends. In Textilien wurden Goldfäden eingewoben, Wände und Decken in Privathäusern vergoldet und die unpassendsten Gebrauchsgegenstände einer Veredelung durch des Römers liebstes Metall unterzogen – vom Fliegenwedel bis zum Nachttopf. Immer wieder wurde der Versuch unternommen, derartigen Auswüchsen beizukommen – und immer wieder wurden die entsprechenden Gesetze über kurz oder lang ignoriert.

Gold spielte auch im Rahmen der kaiserlichen Selbstdarstellung eine Rolle. Die Imperatoren machten von der repräsentativen Wirkung des Goldes und seinem Symbolgehalt reichlich Gebrauch. Doch gab es auch Ausnahmen: So war Kaiser Alexander Severus (3. Jh. n. Chr.) dermaßen bescheiden, dass er Goldgeschirr von seiner Tafel verbannte. Andere Herrscher schwelgten hingegen in wahren Goldräuschen, insbesondere Nero, dessen »domus aurea« (Baubeginn 64 n. Chr.) alles bislang in Rom Gesehene übertraf. Diese Kaiservilla, die einen großen Teil des Stadtgebiets einnahm, besaß in ihrem Zentrum einen Rundsaal, dessen Gemäuer über und über mit Gold bedeckt war: Der sonnengleiche Glanz nahm Bezug auf die göttliche Glorie des Kaisers. Nero schien seine Neigung zu abstrusem Goldprunk von seiner Mutter Agrippina geerbt zu haben.

Angesichts solcher Zustände kann es nicht verwundern, dass die geistige Elite Roms ein Klagelied über den Missbrauch des Goldes anstimmte. Seneca, Philosoph, Dichter und – nebenbei bemerkt – Erzieher Neros, betrachtete die Kulturentwicklung Roms als einen Verfallsprozess. Er beneidete Sokrates, der zwar anscheinend elend gestorben, aber vom sinnlosen Goldprunk Roms verschont worden sei. Vom gleichen Autor stammt der Ausspruch, dass die Götter dem Menschen gnädig waren, als dieser ihnen noch irdene Standbilder widmete, seit dem Zeitalter der goldenen Idole ihre Gunst jedoch verloren habe.

In seiner »Naturalis historiae« prangert Plinius den Goldüberfluss auf nahezu jeder Seite des betreffenden Kapitels an. Obwohl Mutter Natur, schreibt er, dem Menschen alles, was er wirklich zum Leben brauche, auf der Erdoberfläche zur Verfügung gestellt habe, treibe die Habgier den Menschen dazu, in den Tiefen der Erde nach »Bodenschätzen« zu graben. Das Zeitalter des Naturalienhandels preist er als selig, da zu damaliger Zeit die Habgier erst gar nicht aufkommen konnte – schließlich handelte man nur um des Lebensunterhaltes willen.

Auch die Beschreibungen der Methoden des Goldabbaus, vornehmlich von sachlichem Interesse, nutzt Plinius zur Anklage: Ganze Berge würden unter Gefährdung menschlichen Lebens und Einsatz hoher Kosten zum Einsturz gebracht, nur auf die Vermutung hin, dass man unter ihren Trümmern Gold finden könnte.

Die Entrüstung über die Goldgier und den Luxus im Allgemeinen gehörte zum festen Bestandteil des geistigen Inventars der schreibenden Zunft Roms. Dabei darf man jedoch nicht übersehen, dass derartige Kritik mit der Zeit wahrscheinlich den Charakter einer Attitüde angenommen hatte, auf die immer wieder gern zurückgegriffen wurde.

▶ Spätrömische Ringe: links ein in Cloisonné-Email gearbeitetes Stück aus Gold mit einem flatternden Vogel, daneben ein Siegelring mit Kampfhahn aus Bronze, beide aus dem 5.–6. Jh. n. Chr.

Der Glanz des Nordens

Gold im alten Europa

Kelten, Germanen und Wikinger – das sind die Völker, die in den ersten Jahrhunderten vor und nach unserer Zeitrechnung in Europa lebten, von der Iberischen Halbinsel bis in den Balkan, von den Britischen Inseln und Skandinavien bis an die Grenze des Römischen Reiches. Weder Kelten noch Germanen kannten die »große« Kunst der Architektur, der monumentalen Plastik und Malerei, wie sie in Rom und Griechenland heimisch war. Ihr künstlerisches Streben zeigt sich vielmehr im Bereich der angewandten Kunst, in der Gestaltung von Waffen und Gefäßen. Die größte Vollendung erreichten Schmuckstücke, besonders wenn sie in dem edelsten der Metalle ausgeführt waren: in Gold. Aus zahlreichen Gräbern wurden Fibeln, Arm-, Hals- und Fingerringe sowie Beschläge aus Gold geborgen, die eine zwar von fremden Vorbildern beeinflusste, aber in ihrer Ausführung sehr eigenständige Kunst der Völker des Nordens dokumentieren.

◀ Das keltische Modell eines hochseetüchtigen Schiffes aus dem irischen Broighter diente vielleicht als Votivgabe an den Meergott Manannan mac Lir und entstand um die Zeitenwende.

Der immer wieder in Beziehung zum Sonnenlicht gesetzte Glanz, die leichte Formbarkeit und gewiss auch religiöse Vorstellungen waren Gründe für die Anziehungskraft, die das Gold auf die Völker des Nordens ausübte. Größere Goldvorkommen in den Flüssen und Gebirgsmassiven Zentraleuropas wie auch im heutigen Spanien, Frankreich und Rumänien, die schon von den antiken Autoren gerühmt werden, boten die Möglichkeit der Goldgewinnung, sei es durch Bergbau oder Auswaschen des Flusssandes.

Die schönsten Arbeiten keltischer Goldschmiedekunst stammen aus dem 5. und 4. Jh. v. Chr., der klassischen Zeit der Kelten, in der sich das Gemeinwesen festigte, sodass einzelne, auch kulturell bedeutende Zentren entstanden. Nach einem großen Fundort keltischer Waffen und Schmuckgegenstände am Neuenburger See in der Schweiz wird diese Epoche als La-Tène-Zeit bezeichnet. An der Spitze dieser Gemeinschaften müssen Stammesführer gestanden haben, deren Hinterlassenschaft in den so genannten Fürstengräbern sie als reiche, durch prächtigen Schmuck und weitere Beigaben ausgezeichnete Männer charakterisiert. Diese Fürstengräber befanden sich in Grabhügeln mit einer zentralen Hauptkammer und enthielten außerdem in der Regel einen Wagen, der dem Toten oft als Ruhestatt diente, sowie Ess- und Trinkgeschirr.

Gräber keltischer Fürsten

Zu den frühesten Fürstengräbern, teilweise noch aus dem 6. Jh. v. Chr. stammend, gehören Funde aus Süddeutschland und Burgund, die einen guten Einblick in die keltische Goldverarbeitung der frühen La-Tène-Zeit bieten. So fanden sich etwa in einem Grabhügel am Hohenasperg zwei Trinkhornbeschläge aus getriebenem Goldblech, die

◀ Emaillierte Goldbrosche oder Gewandfibel aus Irland. Während die Form dieses kunstvoll gearbeiteten Schmuckstücks auf römische Vorbilder verweist, ist die Ornamentik keltisch geprägt, 6.–7. Jh. n. Chr.

▶ Goldschmuck eines keltischen Fürsten. Der fein ornamentierte Armreif und die beiden identischen Schlangenfibeln werden in die so genannte Hallstatt-Zeit datiert, 6. Jh. v. Chr.

in einem Widderkopf enden. Aus solchen Hörnern wurde Bier oder Met getrunken, auch standen sie vielleicht in Zusammenhang mit bestimmten Opferzeremonien. Noch aus germanischer Zeit sind mit Goldblech verzierte Trinkhörner bekannt, beispielsweise die etwa 1000 Jahre später entstandenen, leider nicht mehr erhaltenen Goldhörner von Gallehus in Schleswig.

Das Grab der Fürstin von Vix in Burgund zeigt, dass auch keltische Frauen eine herausragende Stellung einnehmen und über Macht und Reichtum verfügen konnten. Die 30–35 Jahre alte Fürstin trug Armringe aus Schiefer, eine Perlenkette aus Bernstein und polierten Steinen, teilweise mit Goldblech belegte Fibeln und einen prächtigen goldenen Reif, der in zwei Löwentatzen auf Kugelenden ausläuft. Als zusätzlichen Dekor trägt der Reif zwei kleine geflügelte Pferde, die inmitten eines Sockels aus Perldrähten aufgelötet wurden und die Kugelenden mit dem eigentlichen Reif verbinden.

Könnte der Ring der Fürstin von Vix auch als Diadem getragen worden sein, so ist bei anderen Goldringen größeren Durchmessers die Funktion als Halsring eindeutig. Solche »Torques« genannten Ringe sind ein charakteristischer Schmuck der Fürstengräber und wurden bereits von den Griechen und Römern in der Antike als besonderes Kennzeichen der Kelten beschrieben. So spricht Vergil vom Gold des keltischen Haares, ihren goldenen Kleidern und den goldenen Halsringen, die das blendende Weiß ihres Halses bedecken. Torques wurden – zeitlich verschoben – zunächst von Frauen, dann von Männern getragen, seit dem 3. Jh. v. Chr. findet man sie als Beigaben in den Gräbern wohlhabender Krieger, wo ihnen möglicherweise eine Schutzfunktion zukam.

◀ Halsring und passender Armreif sind Teil des prachtvollen Schmuckensembles einer frühkeltischen Fürstin aus dem 4. Jh. v. Chr., deren Grab 1954 im saarländischen Reinheim entdeckt wurde. Diese für hochgestellte keltische Persönlichkeiten typischen Schmuckstücke werden »Torques« genannt. Neben den Ringen fand man als Grabbeigabe zahlreiche weitere goldene und bronzene Kostbarkeiten wie Fibeln und Trinkgefäße.

▶ Detail eines Torques aus dem Reinheimer Fürstinnengrab. Der Reif läuft in Masken aus, die wahrscheinlich in Bezug zur keltischen Mythologie standen, 5. Jh. v. Chr.

Goldene Halsringe

Zu den schönsten Frauen-Torques gehören die in den Gräbern von Reinheim im Saarland und Waldalgesheim in Rheinland-Pfalz gefundenen Stücke, die zusammen mit den dazugehörigen Armreifen das prachtvolle Schmuckensemble keltischer Fürstinnen des 4. Jh.s v. Chr. darstellen. Die glatten oder gewundenen Halsringe sind verziert mit Palmetten und Spiralen, teilweise auch mit Masken, Ungeheuern oder monströsen Zwitterwesen, die wohl einen Bezug zur keltischen Götterwelt hatten.

Die Verwendung solcher figürlicher Elemente in der klassischen keltischen Kunst war beeinflusst durch die vermehrten Kontakte zur griechisch-etruskischen Welt seit dem 5. Jh. v. Chr. Die Verarbeitung dieser Anregungen durch die keltischen Goldschmiede jedoch erfolgte in ganz selbstständiger Weise durch die Einbindung des Figürlichen in pflanzliche oder geometrische Muster von unwirklichem und dekorativem Charakter. Neben Hals-, Arm- und Fingerringen wird dieser mitunter überladene Dekor sichtbar auf Goldbeschlägen runder oder eckiger Form, die wohl zum Schmuck von Trinkhörnern, Gürtelauflagen oder Schwertgehängen dienten. Dass auch die eigentliche Kampfausrüstung gelegentlich zum luxuriösen Prunkstück wurde, zeigen zwei in Frankreich gefundene Helme des 4. Jh.s v. Chr., von denen der eine ganz mit reinem Gold überzogen ist. Koralleneinlagen und Perldrähte vervollständigen den Schmuck und zeigen mit der Verwendung verschiedener Techniken und Materialien die vollendete Meisterschaft der Kelten des 4. Jh.s v. Chr. in der Goldschmiedekunst.

Mit dem 3. Jh. v. Chr. scheint der keltische Goldschmuck seine Bedeutung allmählich zu verlieren, es gibt kaum noch entsprechende Grabfunde aus dieser Zeit. Im letzten Jahrhundert der vorchristlichen Zeit verschwindet er ganz, was wohl auch mit einem Wertewandel des Goldes weg vom rituellen und Macht symbolisierenden Charakter zu einer ökonomischen Bedeutung zusammenhängt, dokumentiert durch die

Ende des 4. Jh.s einsetzende Münzprägung. Den Kelten wurde das reiche Goldvorkommen ihres Siedlungsgebietes letztlich zum Verhängnis, denn die römischen Eroberungszüge, die im Gallischen Krieg Cäsars gipfelten, waren gewiss auch durch »Gier nach Reichtum« motiviert.

Germanische Tierornamentik

Während die keltische Kultur auf den Britischen Inseln weiterlebte, gewannen auf dem europäischen Festland zunehmend die germanischen Stämme an Bedeutung. Die frühesten Zeugnisse germanischen Kunstschaffens datieren aus dem 1. Jh. unserer Zeitrechnung. Es handelt sich um kunsthandwerkliche Arbeiten, darunter Luxusgüter aus Gold und Silber, die in einem ähnlichen Umfeld entstanden wie vergleichbare Stücke der Kelten ein gutes halbes Jahrhundert zuvor: an Fürstenhöfen wie dem des Markomannenkönigs Marbod in Böhmen, wo die von den Römern geschulten einheimischen Kunsthandwerker bald einen eigenen germanischen Stil entwickelten.

Aber auch die Kelten haben als südliche und westliche Nachbarn mit ihrem Dekor aus Ungeheuern und Masken Anregungen geliefert, ohne die etwa die germanische Tierornamentik nicht denkbar wäre. Während das römische Vorbild die naturalistische Vorlage der Tierfiguren lieferte, wurden diese unter dem Einfluss keltischer Werke stilisiert, bis sie sich in späteren Werken auflösen in eine symbolhafte Fantasiewelt mit einzelnen figürlichen Elementen. Pflanzenranken werden dann zu flächendeckenden geometrischen Figuren, römische Löwen zu sagenhaften, sich windenden Ungeheuern, deren Körper schließlich aufgesplittert werden in einzelne Glieder, bis

▶ Beschlag eines wikingischen Zaumzeugs aus vergoldetem Bronzeguss. Die gravierten und in Punztechnik verzierten Stücke sind eindrucksvolle Beispiele der typisch nordischen Tierornamentik, 8. Jh. n. Chr.

▶ Keltischer Goldstater aus einer der ersten Prägestätten der Parisii in Gallien. Die Münze veranschaulicht die für die keltische Tierornamentik charakteristische Auflösung der Formen bis hin zur Abstraktion, um 400 v. Chr.

hin zur vollständigen Auflösung erkennbarer formaler Zusammenhänge. Diese typisch germanische Tierornamentik findet sich seit dem 5. Jh., in Kerbschnitt ausgeführt, gleichermaßen auf Waffen wie Schwertscheiden oder Knäufen wie auf Gürtelbeschlägen oder Gewandspangen.

Als kostbarer Gewandschmuck boten die Fibeln den Goldschmieden vielfältige Gestaltungsmöglichkeiten und wie kaum ein anderer Goldschmuck können sie die jeweils vorherrschenden technischen und stilistischen Eigenschaften ihrer Entstehungszeit dokumentieren. Ihre Verzierung reicht von vergoldeten Rosetten- oder Dreiecksstempeln auf silbernem Grund über den sparsamen Einsatz gezwirnter Goldfäden bis zu einem großflächigen Dekor aus Filigran und Granulation, in den teilweise noch farbige Steine eingearbeitet waren. Ein prachtvolles Beispiel dieser Art ist der als Ensemble gestaltete Goldschmuck aus einem Fürstengrab von Aarslev auf Fünen, zu dem außer der Fibel noch Fingerringe, Anhänger mit Löwenmasken sowie der ebenfalls mit Filigran verzierte Kopf einer Haarnadel gehörten.

Gold und farbige Steine

In der Verbindung von Gold und farbigen Steinen verweist dieser Schmuck bereits auf die neben der Tierornamentik wichtigste Besonderheit germanischer Goldschmiedekunst, auf den so genannten polychromen Stil, der mit der Hunneninvasion in der zweiten Hälfte des 4. Jh.s nach Europa kam. Der Wunsch nach einem prachtvollen Schmuck mit leuchtender, funkelnder Oberfläche führte dabei zu Arbeiten aus Gold-Cloisonné, bei denen die gesamte Oberfläche mit Steinen bedeckt wird, die in Zellen mit dünnen

Goldwänden eingelassen sind, oder zu Stücken, die Steine in isolierten Einfassungen mit einer Eigenwirkung der dazwischen liegenden Goldfläche zeigen.

Der polychrome Stil ist in zahlreichen Exemplaren als Dekor von Schmuck und Waffen überliefert. Hierzu zählen auch die Funde aus dem Grab des fränkischen Königs Childerich aus der zweiten Hälfte des 5. Jh.s. Der in einen Mantel aus Goldbrokat gehüllte Tote konnte durch einen Siegelring mit der Aufschrift Childerici Regis identifiziert werden. Zu den prachtvollen Beigaben gehörten Prunkwaffen, Reitzubehör und Pferdegeschirr sowie Trachtaccessoires wie Gürtel- und

Gallisches Gold

Bericht des aus Sizilien stammenden Griechen Diodor über keltisches Gold im 1. Jh. v. Chr.:

»Es gibt kein Silber in Gallien, aber sehr viel Gold. Die Natur gibt den Einheimischen dieses Metall ohne Mühe und Bergbau. Denn weil die Flussläufe Biegungen machen und das Wasser beim Anprall große Stücke aus vorstehenden Berghängen abreißt, nimmt es eine Menge goldhaltigen Sand mit. Die Leute, die damit zu tun haben, fangen den Sand auf, zerreiben ihn oder zerstampfen die Brocken, die ihn enthalten. Darauf lassen sie Wasser die erdigen Teile auswaschen und bringen den Rest in Schmelzöfen. So erhalten sie große Mengen Gold, von dem sie sich für Schmuck bedienen, aber nicht nur die Frauen, sondern auch die Männer. Sie tragen um die Handgelenke und Arme Spangen, um den Hals schwere Halsringe aus reinem Gold, außerdem prächtige Ringe und sogar goldene Panzer …

In den Tempeln und den heiligen Plätzen, die man hin und wieder antrifft, liegt viel Gold umher, das den Göttern geweiht ist, und die Furcht vor ihnen ist so groß, dass keiner der Eingeborenen es anrührt, obgleich die Kelten sonst äußerst geldgierig sind.«

◄ Keltische Goldmünzen aus einem Münzfund in Hohenfels, Oberpfalz. Im Volksmund wurden solche Münzen als Regenbogenschüsselchen bezeichnet und hatten Amulettcharakter, 1. Jh. v. Chr.

Schuhschnallen, die zum großen Teil mit Gold-Cloisonné mit roten Almandinen geschmückt waren. Polychrome Goldschmiedearbeiten gibt es noch aus dem 6. und 7. Jh., etwa auf merowingischen Scheibenfibeln, die bereits am Übergang zum Mittelalter stehen, wo uns diese Technik beispielsweise auf Reliquienschreinen wieder begegnet.

Der Prunk der Wikinger

Auch in anderen Bereichen wird auf dem europäischen Festland in der folgenden Epoche der Karolinger die christliche Kunst maßgebend, während in den skandinavischen Ländern mit dem machtvollen Auftreten der Wikinger das nordische Kunstschaffen eine weitere Blütezeit erlebt. Die Wikinger konnten sich weniger auf eigene Goldvorkommen stützen als auf ihre Handels- und Beutezüge nach Westen und Süden, die ihnen das kostbare Metall ebenso wie Silber bescherten.

Der Hang zu Aufwand und Prunk, der ihre Kunstwerke kennzeichnet, scheint geradezu symbolhaft für Kraft und Selbstbewusstsein der Wikinger zu sein, die sich politisch in ihren Expansionsbestrebungen äußerten. Das beherrschende Motiv dieser Kunst ist die Tierornamentik, die ja bereits in der germanischen Kunst seit dem 5. Jh. auftaucht. In den Werken der Wikinger wird sie knapp ein halbes Jahrhundert später zu einer überquellenden Vielfalt von Masken und Tierfiguren, eingebunden in Bandgeflecht, das gleichermaßen energiegeladen wie geheimnisvoll wirkt. Ihr Hauptmerkmal sind die so genannten Greiftiere mit verzerrten Körpern, deren Glieder kraftvoll in das sie umgebende Rankenwerk vordringen, so wie sie etwa auf den um 800 n. Chr. entstandenen vergoldeten Riemenbeschlägen aus Broa in Gotland erscheinen. Umfassende Kenntnisse der Goldschmiedekunst erlaubten eine Umsetzung dieses Stils so-

◀ Goldbrakteat der Wikingerzeit. Die mit Press- und Punzornamenten verzierte Schmuckscheibe aus Goldblech zeigt im Zentrum den nordischen Gott Odin auf seinem Hengst Sleipnir, 6. Jh. n. Chr.

wohl als Pressblecharbeiten wie in Filigran, wofür Goldsporen aus Rod in Norwegen aus dem 10. Jh. eines der kostbarsten Beispiele wikingischer Kunst sind. Auch andere Teile der Kampfausrüstung wurden veredelt, etwa Schwerter, die mit eingelegten Ornamenten aus Gold oder Silber geschmückt waren. Daneben galt das Interesse der Goldschmiede Spangen und Fibeln. Häufig erschienen diese sehr kostbar, so bei den dosenförmigen Schultertuchspangen der wohlhabenden gotländischen Kaufmannsfrauen, die wie reiner Goldschmuck wirken, in Wirklichkeit aber eine Grundform aus Bronze haben, die mit einer dünnen Goldfolie überzogen wurde. Die Wikinger haben in diesen Werken gleichsam den ganzen Reichtum nordischen Kunstschaffens noch einmal dargestellt, bevor die seit dem 11. Jh. fortschreitende Christianisierung auch die Kultur der skandinavischen Länder nachhaltig prägte.

▲ Der so genannte »Hiddenseer Goldschmuck«, ein 16-teiliges Schmuckensemble aus der Wikingerzeit, 10. Jh. n. Chr., wurde 1872 nach einer schweren Sturmflut von einer Fischersfrau am Strand von Neuendorf an der Ostsee gefunden. Das unschätzbar wertvolle Ensemble besteht aus zehn kreuzförmigen großen und vier kleineren Gliedern, einer runden Fibel und einem filigran geflochtenen Halsreif. Die kreuzförmigen Schmuckelemente sind mit nordischen Tierornamenten verziert und vereinen so christliche und heidnische Symbolik.

IHS
GELORUM TU COELI DELICIUM

Himmlisches Licht und weltlicher Glanz

Christliche und profane Kunst von Byzanz bis Barock

In der Entwicklung des frühen Christentums wurden die verschiedenen und sich häufig widersprechenden Bedeutungsgehalte des Goldes aus der komplexen Vorstellungswelt der klassischen Antike übernommen.

Göttersphäre, Herrscherkult und menschliche Vermessenheit waren die Bereiche, denen das Gold zugeordnet wurde. Wie eine vielgestaltige Gottheit beherrschte das Edelmetall die antike Vorstellungswelt und beeinflusste ihre hierarchisch gestufte Werteskala. Diese Vieldeutigkeit bildete die Grundlage für eine christliche Ausdeutung des Goldes, die bereits im Alten Testament in ihren verschiedenen Facetten mustergültig vorgestellt wurde: als Gottesgeschenk einerseits, andererseits auch als falsches Götterbild, versinnbildlicht durch das Goldene Kalb.

◀ Altar der Schwarzen Madonna in der Heiligen Kapelle in Altötting. Die Statue aus dem 14. Jh. wird noch heute als wundertätiges Marienbild verehrt, zu dem alljährlich Tausende von Gläubigen pilgern.

▲ Goldkette mit dem Bildnismedaillon des Kaisers Tiberius Constantinus. Der byzantinische Goldschmied hat für seine Arbeit Gold, Perlen und Glaspasten verwendet. Das Kettenfragment ist etwa 48 cm lang, 6. Jh. n. Chr.

► Gewölbemosaik des Presbyteriums der Kirche San Vitale in Ravenna. Das von Kaiser Justinian in Autrag gegebene Mosaik stellt das von vier Engeln getragene Lamm Gottes dar und versinnbildlicht in seinem Goldglanz in prachtvoller Weise die göttliche Sphäre.

In der Goldsymbolik zeigt das frühe Christentum seine enge Anbindung an die Tradition der Antike. Das gesamte Spektrum der verschiedenen Interpretationsmuster umfasst hierbei positive wie negative Beurteilungen. Auch wenn in den meisten theologischen Texten vor der Versuchung gewarnt wird, die das Edelmetall auf den Menschen ausübt, so verweisen dennoch alle Ausführungen stets auf eines: auf die Faszination, die das Gold auf die frühen Christen ausübte.

Byzanz

Im Jahre 330 n. Chr. gründete Kaiser Konstantin I. die Hauptstadt des Oströmischen Reiches, die nach ihm selbst »Konstantinopel« benannt wurde. Wie in Rom, der traditionellen Hauptstadt der römischen Antike, ließ Konstantin riesige Kirchenbauten errichten, um die neue Macht der christlichen Staatsreligion zu dokumentieren. Alle seine Bauten in Konstantinopel wurden Opfer nachfolgender Verwüstungen und sind heute nicht mehr erhalten. Dennoch geben die zeitgenössischen Quellen ein anschauliches Bild von der Pracht und Monumentalität der konstantinischen Kirchen.

Die Apostelkirche war eine große Basilika, an die ein kreisrundes Mausoleum angefügt worden war. In diesem Grabbau wurde der Sarkophag Konstantins aufgestellt, der von so genannten »Kenotaphen« – Grabdenkmälern ohne die

Gebeine der Verstorbenen – für die zwölf Apostel umgeben war. Die gesamten Flachdecken dieser gewaltigen Kirchenanlage waren vergoldet. Ebenso erstrahlte der Außenbau in goldener Verzierung.

Die reiche Verwendung des Edelmetalls verwies auf Konstantins außerordentlichen Rang als Kaiser des Römischen Reiches. Die Deckenvergoldung war demgegenüber ein Abbild des göttlichen Himmels. So verknüpften sich in der goldenen Ausstattung der Apostelkirche die beiden Traditionsstränge der römischen Antike und des Frühchristentums zu einem einzigartigen Gesamtbild, das den Begründer der christlichen Staatsreligion an seinem Bestattungsplatz verherrlichte.

In der Nachfolge Konstantins bedienten sich vor allem die oströmischen Kaiser dieser mehrschichtigen Goldsymbolik, um sowohl ihren imperialen Anspruch als auch ihren christlichen Glauben zum Ausdruck zu bringen. Hervorragendes Beispiel hierfür ist die byzantinische Kunst in Ravenna. Im Jahre 540 von Kaiser Justinian I. erobert bildete die oberitalienische Stadt für zwei Jahrhunderte das Zentrum des so genannten »Exarchats«, des byzantinischen Herrschaftsgebietes in Italien.

In dem auf die Eroberung folgenden Jahrzehnt ließ Kaiser Justinian den Chor der Kirche San Vitale vollständig mit Mosaiken ausstatten. Thematisch handelt es sich um ein heilsgeschichtliches Programm, in dessen Mittelpunkt die »Eucharistie«, das Sakrament des Abendmahls, steht. Versinnbildlicht wird dies durch das Opferlamm im Gewölbescheitel oberhalb des Altars. In dem Gewölbe der Apsis thront Christus, flankiert von Bischof Ecclesius, dem heiligen Vitalis und Engeln. An den Seitenwänden der Apsis erscheinen auf zwei sich gegenüberliegenden Mosaikflächen Kaiser Justinian I. und seine Gemahlin Theodora. Beide sind mit ihrem kaiserlichen Gefolge dargestellt und bringen kostbare Geschenke, vermutlich liturgische Gefäße, zur Messe dar. Trotz einer strengen Felderaufteilung werden die einzelnen Mosaiken durch den großflächigen Einsatz von Goldpartien optisch geeint. Auch sind einzelne wichtige Bildelemente, wie etwa die Opfergaben des kaiserlichen Paares, ausschließlich in Gold gestaltet.

Weltliche – der byzantinische Hofstaat – und göttliche Sphäre werden so durch das Gold zu einem prachtvollen Erscheinungsbild verbunden. Das kostbare Metall steht als Metapher für den höchsten Rang beider Sphären, die sich in ihrem absoluten Herrschaftsanspruch gegenseitig ergänzen.

Das Mosaik blieb neben der Ikone eine in der byzantinischen Kunst bevorzugte Gattung. Neben den ravennatischen Mosaiken aus der frühen byzantinischen Epoche waren es vor allem die Mosaikausstattungen in Konstantinopel selbst, die in der künstlerischen Entwicklung eine bedeutende Rolle spielten. Die zentrale Kirche in der

◄ Frauendiadem mit dem Bildnis des byzantinischen Kaisers Konstantin IX. Monomachos. Von der aus Gold mit Emaileinlagen gefertigten Krone sind sieben Platten erhalten, die neben dem Bild des Kaisers noch Kaiserin Theodora, zwei Tänzerinnen und die allegorischen Darstellungen der Wahrheit und der Demut zeigen, um 1042–1050 n. Chr.

▲ Umzeichnung einer Münze mit Bildnis des Kaisers Konstantin IX. Monomachos.

Hauptstadt, die Hagia Sophia aus dem 6. Jh., war zugleich die Palastkirche für Kaiser Justinian I. Das Gebäude sollte nach dessen Vorstellungen alles Bisherige an Pracht und Großzügigkeit übertreffen. Diesem Anspruch blieb man auch noch verpflichtet, als man etwa 300 Jahre später die gesamte Kirche stufenweise mit Mosaiken ausstatten ließ. Ein erster Höhepunkt ist das noch größtenteils erhaltene Mosaik der »Theotokos«, der »Gottesgebärerin«, das während einer feierlichen Predigt im Jahre 867 im Beisein der gemeinsam regierenden byzantinischen Kaiser Michael III. und Basileos I. enthüllt wurde.

Der Hintergrund des Mosaiks, der mit Edelsteinen besetzte Thron Mariens, der Kreuznimbus und große Bereiche vom Gewand des Christuskindes sind in Gold gefasst. Das Gewand Mariens zeigt dagegen einen tiefen Blauton. Diese Farbgebung, in der sich die blaue Gewandfarbe deutlich von den großflächigen Goldpartien abhebt, zeigt eine präzise Farbensymbolik: Das Gold des Himmels wird dem Blau des Glaubens und der Treue gegenübergestellt.

Das byzantinische Mosaik wie auch die Ikone sind ohne die Goldgestaltung, sei es als Goldgrund oder als Farbgebung für bedeutende Bildelemente, nicht vorstellbar. Hierbei liegen die Bedeutungsebenen fast immer im religiösen Bereich oder sie verweisen auf den Herrschaftsbereich der oströmischen Kaiser. Beide Welten waren in der byzantinischen Epoche noch aufs Engste miteinander verbunden und wurden in ihrer Einheit durch das Gold sinnfällig zum Ausdruck gebracht.

Das Mittelalter: Romanik und Gotik

Im Mittelalter wurden die verschiedenen Sinngehalte des Goldes, die in der frühchristlichen Epoche herausgebildet worden waren, aufgenommen und in den Texten der Gelehrten verarbeitet. Es klingt wie eine Paraphrase der lateinischen Kirchenlehrer, wenn der Benediktinertheologe Rupert von Deutz im frühen 12. Jh. das Gold als die »Substanz des Fleisch gewordenen Wortes« bezeichnete.

▲ Reichsapfel der deutschen Reichskleinodien. Wie auch die Reichskronen dieser Zeit ist dieses Attribut monarchischer Herrschaft aus Gold gefertigt und mit Edelsteinen verziert, 12. Jh. n. Chr.

▸▸ (Folgende Doppelseite) Ausschnitt aus dem Goldgrund-Mosaik in der Vorhalle der Markuskirche in Venedig. Das Kuppelmosaik aus der Mitte des 13. Jh.s, der Spätphase byzantinischer Kunst, zeigt die Geschichte der sieben mageren und sieben fetten Kühe aus der alttestamentarischen Josephslegende.

PICERNA
PISTORE
BOVES
PIGUES
SEPTE ACRAS COFE

PICERNE ⁊ PISTOR
ETSOPNIA · SOPNIA Q VIDERVT
DEVORAVERVT PICVES

Ikonen

In Byzanz wurden die Ikonen, transportable Bildtafeln aus Holz, seltener aus Leinwand, Marmor oder Metall, sowohl öffentlich in den Kirchen wie auch privat verehrt. Sie waren Kultbilder mit dem Abbild Christi, der Madonna oder der Heiligen und gaben häufig Bildszenen aus deren Leben wieder. Vor allem die figürlichen Darstellungen der Gottesmutter beruhen auf überlieferten Grundtypen, die von berühmten Marienbildern abgeleitet wurden und die in der Folge eine fast endlose Nachahmung gefunden haben. Ein bedeutendes Beispiel hierfür ist der Typus der so genannten »Hodegetria« – Maria trägt das Christuskind auf dem linken Arm –, der sich von einem der verehrtesten Marienbilder Konstantinopels im Kloster der Hodegon (»Wegführer«) entwickelt hat.

Die Ikone besitzt antike Vorläufer mit einer vergleichbaren Figurengestaltung, etwa die spätantiken Porträtbildnisse ägyptischer Mumien. Die Entstehungszeit der ältesten erhaltenen Ikonen liegt nicht vor dem 6. Jh. Trotz ihrer weiten Verbreitung in Byzanz stammen die frühesten erhaltenen Stücke aus Ägypten, vor allem aus dem Sinai-Kloster.

In ihrem formalen Grundaufbau gleichen sich die Ikonen. Meist ist die zentrale Fläche der Vorderseite eingetieft, sodass ein Rahmen das Bild eingrenzt. Häufig wird der Hintergrund mit Blattgold als so genannter »Goldgrund« gefasst. Hierbei stand nicht die künstlerische, sondern vor allem die theologische Interpretation des Goldes als ein »Lichtraum des Göttlichen« im Vordergrund, aus dem das jenseitige Licht Gottes unmittelbar erstrahlte.

Ein berühmtes Beispiel für eine byzantinische Marienikone ist die so genannte »Nicopeia«, die »Siegbringende«, in San Marco in Venedig, die wahrscheinlich im 11. Jh. entstanden ist und als die traditionelle Beschützerin der Stadt Byzanz galt.

◀ Mosaik-Ikone mit einer Darstellung der »Maria Hodegetria«, der Gottesmutter als »Wegweisende« mit dem Kind auf dem Arm. Die Ikone aus dem 13.–14. Jh. stammt aus der Kirche des Hl. Georg in Ergeli und misst 98 x 80 cm.

▶ Die griechische Ikone vom Ende des 17. Jh.s zeigt den Tod Mariens. Christus in der von Engeln gebildeten Mandorla empfängt die als Kind dargestellte Seele Mariens. Tempera auf Holz, 31,9 x 26,4 cm.

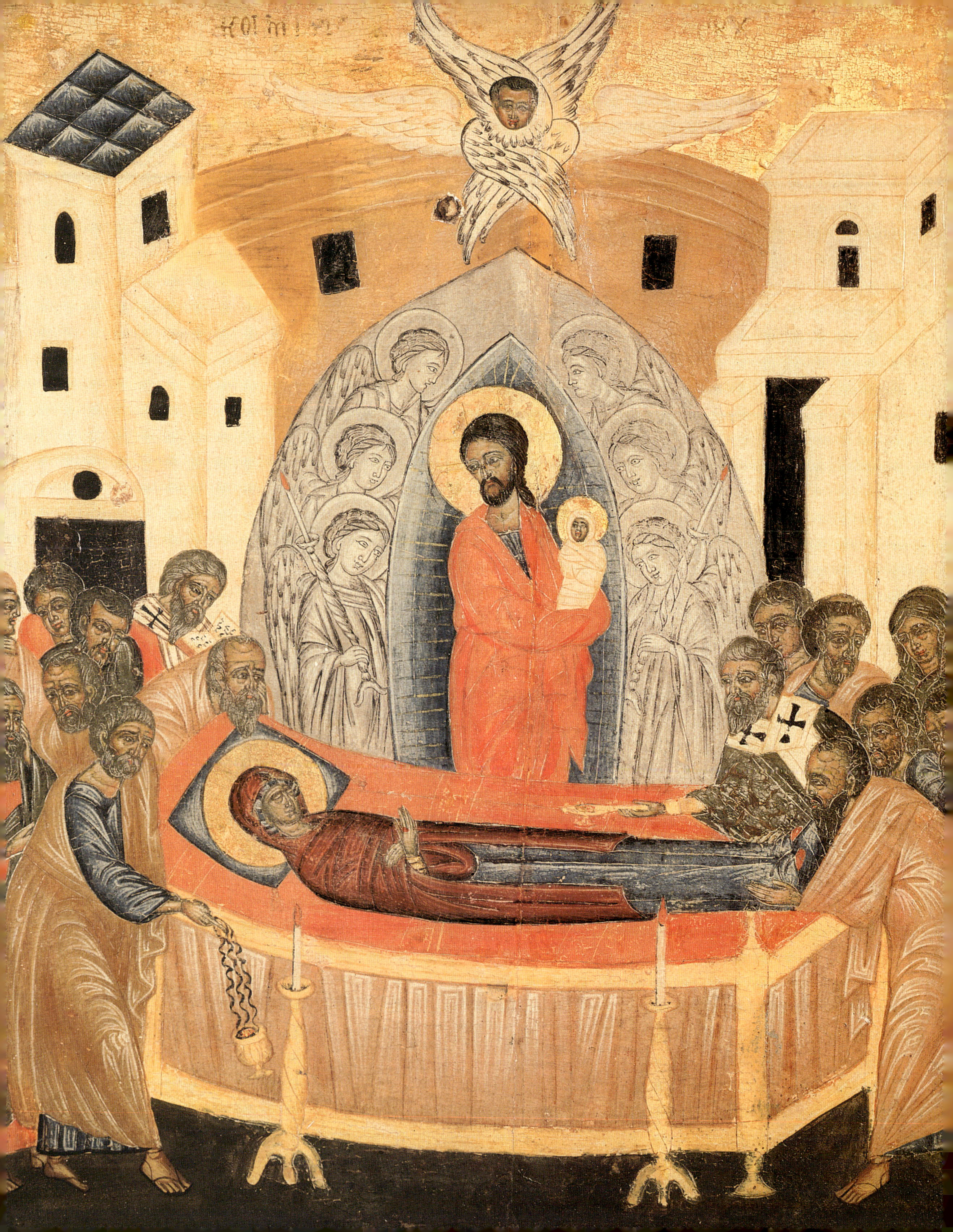

Die hohe Wertschätzung des Goldes im Mittelalter hing jedoch mit einer anderen geistigen Tradition zusammen. Diese war während der ersten Jahrhunderte der christlichen Entwicklung zwar durchaus gegenwärtig gewesen, wurde allerdings erst ab dem 9. Jh. in den theologischen Schriften bewusst aufgearbeitet und bis zum Ausklang des Mittelalters in der gesamten abendländischen Welt verbreitet.

Hierbei handelte es sich um die so genannte »neuplatonische Lichtmetaphysik«, die, wie der Name schon sagt, in ihren Ursprüngen auf den griechischen Philosophen Platon aus dem 4. Jh. v. Chr. zurückgeht. Dieser hatte im sechsten Buch seiner Schrift »Der Staat« das Gute als den Grund des Wissens als auch des Seins definiert und es dann mit dem Sonnenlicht verglichen. In diesem Zusammenhang war für Platon das Sonnenlicht vermutlich nicht mehr als eine einfache Metapher gewesen. Für seine Nachfolger, die so genannten »Neuplatoniker«, wurde dieser kurze Abschnitt in der Schrift Platons hingegen die Grundlage für ein neues erkenntnistheoretisches System.

Vor allem griechische Philosophen in den ersten nachchristlichen Jahrhunderten entwickelten dieses System, dessen Voraussetzung die Auffassung vom Licht als einer höheren, einer transzendentalen Wirklichkeit war. Zu Beginn des 6. Jh.s fanden die neuen Ideen Eingang in die christliche Philosophie. Ein namenloser Syrer ließ um das Jahr 500 die neuplatonischen Lichtvorstellungen in seine theologischen Schriften einfließen und verband sie mit der christlichen Heilslehre. Für diesen Pseudo-Dionysius genannten Autor war Gott der Vater der Lichter, »Pater luminum«, und alle sichtbaren Dinge der Welt materielle Lichter, die ihrerseits die »vera lux«, das wahre Licht der

◀ Minnekästchen aus dem 13. Jh. Die kunstvolle Limosiner Emailarbeit ist auf allen Seiten mit profanen Motiven verziert, die hier zu sehende Vorderseite zeigt einen Spielmann und eine Tänzerin. Im Mittelalter waren die meist überaus kunstvoll gestalteten Schatullen aus Holz, Elfenbein oder Leder in höfischen Kreisen das traditionelle Geschenk eines Bräutigams an seine Braut.

▶ Darstellung des Evangelisten Markus aus dem mittelalterlichen Evangeliar von St. Pantaleon, 12. Jh. n. Chr.

Gottheit, widerspiegeln. So wurde jeder Gegenstand, selbst der unbedeutendste Stein, durch sein materielles Leuchten zu einem Spiegel des Göttlichen. Der Gegenstand wurde gewissermaßen zu einer Sprosse in der himmlischen Leiter. Dieser Aufstieg von der materiellen zur göttlichen Welt nannte Pseudo-Dionysius den »anagogischen Zugang«: Je leuchtender ein Gegenstand war, umso stärker konnte der Mensch durch seine intensive Betrachtung dieses Gegenstandes Anteil an der göttlichen Welt haben. Das Gold mit seinem strahlenden Glanz war bestens dafür geeignet, als gegenständliches Material diesen »anagogischen Zugang« zu ermöglichen.

Dies ist der eigentliche Grund, warum das Edelmetall im Mittelalter in allen künstlerischen Gattungen bevorzugt und in seinen unterschiedlichen Formen verarbeitet wurde. Vor allem die liturgischen und kultischen Geräte waren, wenn nicht aus reinem Gold, so doch zumindest großflächig vergoldet. Die berühmten und sehr seltenen Goldaltäre oder Goldantependien – Verkleidungen der Altarfront – aus dem 9.– 11. Jh.

▶ »Anbetender Engel«. Die um 1330 entstandene Darstellung war Teil einer so genannten Christkindl-Wiege.

▲ Tragaltar Kaiser Heinrichs II. Das um 1010 entstandene Reliquiar wurde aus Gold und vergoldetem Silber gefertigt und mit Edelsteinen, Perlen und Bergkristall reich verziert. In die obere Fläche solcher für die Reise gedachten Altare war häufig eine Reliquie eingelassen, auf die beim Zelebrieren des Messopfers der Kelch gesetzt wurde.

besitzen einen Reichtum an Goldreliefs, Edelsteinen und Emailarbeiten, der in der abendländischen Kunst einzigartig ist. Auch die romanischen Goldmadonnen waren vollständig mit Goldblech verkleidet. Zudem besaßen die meisten Kirchen goldene Reliquiare oder Reliquienschreine, die an einer bevorzugten Stelle des Innenraums den Blick der Gläubigen auf sich zogen.

Mit diesem kostbaren Gerät verband sich ein heute kaum mehr vorstellbarer Glanz mittelalterlicher Kirchenausstattungen, deren erhabene Leuchtkraft als Abbild der göttlichen Welt gedeutet wurde. Abt Suger, der bedeutende Abt der französischen Klosterkirche St. Denis nahe Paris, brachte bereits in der ersten Hälfte des 12. Jh.s die immaterielle, weil göttliche Kraft dieser Ausstattungen auf eine anschauliche Formel: »Edel erstrahlt das Werk, doch das Werk, das edel erstrahlet, möge erleuchten die Geister, dass sie eingehen durch die wahren Lichter zum wahren Licht, wo Christus das wahre Tor ist.«

Ab der ottonischen Zeit bis ins späte Mittelalter wurde auch die gesamte europäische Buchmalerei vom Gold beherrscht. Zunächst wurde das Gold als Goldgrund für die Bilderseiten der illuminierten Handschriften verwendet. Später dominierte das Gold die gesamte Ornamentik des Bilderrahmens und des inneren Bildaufbaus. Wenn architektonische Elemente in den Kompositionen verarbeitet wurden, dann wählte der Künstler häufig Gold als Grundfarbe, um die sakrale Würde dieser Bauwerke zum Ausdruck zu bringen.

Der Höhepunkt der mittelalterlichen Goldausstattungen waren ohne Zweifel die gotischen Kirchenräume ab der zweiten Hälfte des 12. Jh.s. Durch die riesigen Glasfenster mit ihren buntfarbigen Malereien drang ein schimmerndes Licht von eigentümlicher Qualität, das den Innenraum in einen glanzvollen Lichtraum verwandelte. Das bei den Messen und Prozessionen stets benutzte Kerzenlicht spiegelte sich in den goldenen Ausstattungen und verstärkte deren fast übernatürlich wirkende Leuchtkraft. Diese feierlich-religiöse Stimmung mag bei vielen Gläubigen die Vorstellung eines himmlischen Jerusalem hervorgerufen haben.

Da in den meisten mittelalterlichen Kirchen die Gesamtausstattungen größtenteils zerstört oder in Museen überführt worden sind, ist der originale Raumeindruck kaum mehr nachzuvollziehen. Von den wenigen erhaltenen Innenräumen ist die Kreuzkapelle in der Burg Karlstein nahe Prag aus dem mittleren 14. Jh. ein einprägsames Beispiel, erstrahlen doch alle Umfassungswände und selbst die Gewölbe durch den Glanz ihrer Vergoldung. Mit den eingesetzten Heiligenbildern und den vielfarbigen Edelsteinen wirkt diese kleine Kapelle wie eine kostbare Schatzkammer.

Den ursprünglichen Raumeindruck gotischer Kathedralen und Abteikirchen vermittelt die nordeuropäische Tafelmalerei des 15. Jh.s, die für die Darstellung ihrer religiösen Themen häufig die damals noch erhaltenen sakralen Innenräume wählte.

Die mittelalterlichen Goldausstattungen wurden von den Zeitgenossen aber nicht nur positiv beurteilt. Bernhard von Clairvaux, einflussreicher Abt und geistiges Oberhaupt des Zisterzienserordens im 12. Jh., führte mit seiner provokanten Frage – »Was hat Gold mit Heiligtum zu tun?« – einen offenen Angriff gegen das reiche St. Denis und seinen damaligen Führer Abt Suger. Dahinter verbarg sich die strenge Vorstellung der mittelalterlichen Reformorden, die in ihren offiziellen Statuten die prachtvollen Kirchenausstattungen grundsätzlich untersagten. Ihrem Ideal klösterlicher Askese widersprach das Gold als kostbarstes Metall des Mittelalters.

Der Übergang zur Neuzeit: die Spätgotik

Als zu Beginn des 15. Jh.s in Italien die Renaissance begann, blieben die übrigen europäischen Länder noch bis in die erste Hälfte des 16. Jh.s in der Gotik verhaftet. Die mittelalterliche Epoche der Spätgotik war ein Übergang vom Mittelalter in die Neuzeit. In den verschiedenen Kunstgattungen wurden die Neuerungen Italiens nur sehr langsam aufgenommen; zu stark war man noch an die Überlieferung der traditionellen künstlerischen Formenwelt gebunden.

▲ Dieses Figurenreliquiar stellt die Madonna der Jeanne d'Evreux dar. In dem vergoldeten Silberschrein wurde Haar der hl. Maria aufbewahrt. Die französische Arbeit stammt aus dem 14. Jh. n. Chr.

Der spätgotische Schnitzaltar ist eine typische Sonderform der nordalpinen Spätgotik, der die Freude des Mittelalters an prachtvoller Kirchenausstattung weiter fortsetzte und als religiöse Weltbühne im Kleinen die verschiedenen künstlerischen Gattungen in sich vereinte. Der Schnitzaltar des Michael Pacher in St. Wolfgang am Abersee aus dem letzten Viertel des 15. Jh.s ist der monumental inszenierte optische Zielpunkt in der Apsis der kleinen Pfarrkirche, deren Chorfenster den Altarkasten wie eine Lichtfolie hinterfangen. Von den großen Schnitzfiguren bis zum kleinsten Detail des Rahmenornaments ist jedes Element des Altars mit feinem Blattgold überzogen. Die Qualität des Lichtes, die sich durch das einfallende Tageslicht der Chorfenster immer wieder wandelt, verleiht dem vergoldeten Schnitzaltar eine fortwährend sich verändernde Erscheinungsform. Mal licht und festlich glänzend, mal glutvoll schimmernd – stets zeigt das Gold seine facettenreiche Leuchtkraft und erhöht damit die feierliche Intensität der religiösen Bildszenerie.

In diesem Altar konzentriert sich nochmals – in solch prachtvoller Form eigentlich zum letzten Mal – die theologische Vorstellung der Lichtmetaphysik, die das materielle Licht der Welt als Abbild des Göttlichen gedeutet hatte. Im Verlauf der Spätgotik traten solche mittelalterlichen Vorstellungen immer stärker in den Hintergrund und wurden durch neuzeitliche Ideen ersetzt.

Bereits im späten 14. Jh. beschrieb Jean Froissart, einer der berühmtesten französischen Chronisten und Dichter des Spätmittelalters, ein ehrwürdiges Zeremoniell adliger Ritter und Hofdamen, die sich in ihren festlichen Rüstungen und Gewändern versammelt hatten. Seine Bewunderung galt hierbei vor allem den teilweise vergoldeten oder versilberten Helmen, Harnischen und Lanzenspitzen, die in dem Sonnenlicht glitzerten.

In der damaligen Zeit und insbesondere im folgenden 15. Jh. wurde die höfische Kleidung immer stärker mit Edelmetallen und Edelsteinen besetzt, um den herrschaftlichen Stand des Adels zum Ausdruck zu bringen. Als Ausweis höchsten Prestiges wurde das Gold, das in der Antike ausschließlich dem Kaiser vorbehalten war, nun in die Welt der spätmittelalterlichen Aristokratie eingeführt. Auf der Hochzeit des Grafen von Genf zu Chambéry im Jahre 1434 führte eine Gruppe von Edelleuten einen Tanz auf, bei dem alle teilnehmenden Personen in Weiß gekleidet und mit dem so genannten »or clinquant«, Flittergold, bedeckt waren.

Einer der höchsten Ritterorden, der »Orden vom Goldenen Vlies«, wurde vom burgundischen Herzog Philipp dem Guten im Jahre 1430 gegründet. Das Emblem des

◀ »Krönung Mariens«: Ausschnitt aus dem Michael-Pacher-Altar in Gries, Südtirol. Die mit Blattgold überzogenen Figuren des spätgotischen Schnitzaltars entfalten bei in den Kirchenraum einfallendem Tageslicht eine facettenreiche Leuchtkraft, die in der mittelalterlichen Vorstellungswelt als Abbild des Göttlichen gedeutet wurde.

▶ »Schutzmantelmadonna« des Bildhauers Michael Erhardt. Der besonders im Spätmittelalter beliebte Bildtypus zeigt Maria in einem ausgebreiteten Mantel, der die Gläubigen schützend umfängt. Die Figur aus farbig gefasstem Lindenholz ist um 1480 entstanden, Höhe 150 cm.

Ordens, das Goldene Vlies, verwies auf das Fell des goldenen Widders aus der antiken Argonautensage. Auch wenn bei der Stiftung des Ordens durchaus religiöse Absichten eine Rolle spielten, war es zweifellos dem Hochmut Philipps zuzurechnen, einen neuen Orden in Konkurrenz zu den bereits etablierten hochadligen Ritterorden zu gründen. Das Sinnbild des Ordens, das Goldene Vlies, war gut gewählt, bezeichnete es doch einerseits einen Rückbezug auf eine antike Tradition und bewies andererseits mit der Wahl des Goldes als wertvollstem Edelmetall den außerordentlichen Status des neuen Ordens. So schwingt in den Bildnissen jener Ordensmitglieder, die sich mit der Kette des Goldenen Vlieses haben porträtieren lassen, in Haltung und Gebärde jener exklusive Anspruch mit, den Herzog Philipp seiner Ordensstiftung zugrunde gelegt hatte.

Stufenweise eroberte das Gold die höfische Welt der spätmittelalterlichen Ritter und Edelleute. Als ein gleichsam »verweltlichtes« Symbol für Macht, Stand und Reichtum wurde es dann in die Kunst der Renaissance übernommen.

Renaissance und Manierismus

In seinem Malereitraktat »De pictura« (»Über die Malerei«) von 1435/1436 lehnte der berühmte Universalgelehrte Leon Battista Alberti die Verwendung von Gold in der Malerei grundsätzlich ab. Anstelle des Goldgrundes solle man Bildhintergründe malen und das Gold durch Farben im Bild ersetzen.

▲ »Christus und die fünf klugen Jungfrauen«. Der Ausschnitt ist Teil der Predella des auf 1431 datierten Magdalenenaltars von Lucas Moser, zu sehen in Tiefenbronn bei Pforzheim. Die gesamte Bildfläche des Altars wurde mit Blattgold unterlegt.

◀ Ordenskette des Herolds des 1430 von Herzog Philipp dem Guten gestifteten Ordens vom Goldenen Vlies. Die im 16. Jh. entstandene Prunkkette trägt als Anhänger das Fell des goldenen Widders aus der Argonautensage.

Die Kunst der Goldschmiede

Als Goldschmiedekunst wird die künstlerische Verarbeitung von Edelmetallen, wie Gold, Silber oder Platin, zu Geräten und Schmuckgegenständen bezeichnet. Bereits im Mittelalter wurden die Künstler, die mit Gold und Silber arbeiteten, gewöhnlich als »Goldschmiede« betitelt. Nicht nur durch schriftliche Quellen, sondern auch durch vereinzelte Signaturen auf den kostbaren Gegenständen sind aus dem frühen Mittelalter die Namen der Goldschmiede überliefert, was auf einen für die damalige Gesellschaft notwendigen sozialen Stand schließen lässt. Berühmt ist der Name des Goldschmiedes »Volvinius«, der sich mit einer Inschrift auf dem Goldaltar aus dem zweiten Viertel des 9. Jh.s in San Ambrogio in Mailand verewigt hat. Auch theoretisch hat man sich im Mittelalter bereits mit der Goldschmiedekunst befasst. Die so genannte »Schedula diversarum artium« des Theophilus Presbyter vom Anfang des 12. Jh.s ist eine technische Enzyklopädie der damaligen Kunstfertigkeiten, in der die Metallbearbeitung ausführlich beschrieben wird.

Konzentrierte sich die Goldschmiedekunst im Mittelalter noch überwiegend auf die Ausstattungen der Kirchen, so wurde ab der Renaissance der Bereich der profanen Kunstgegenstände immer wichtiger. Neben den adligen und kirchlichen Auftraggebern trat nun das Bürgertum verstärkt in den Vordergrund. Tafelgeräte verschiedener Art – man denke an den Begriff des »Tafelsilbers« – blieben bis in die Zeit des Barock die beliebtesten Goldschmiedearbeiten. Auch das aus vielzähligen Einzelteilen bestehende »Ratssilber« der reichen Städte war eine der Hauptaufgaben für die Goldschmiede. Ihr hoher sozialer Status wurde bis ins 18. Jh durch die Ernennung zum »Hofgoldschmied« an den verschiedenen Königs- oder Adelshöfen offiziell zum Ausdruck gebracht.

◀ Medaillon mit der Allegorie von Glaube und Gerechtigkeit. Der goldene und mit feinen Emailfeldern versehene Anhänger aus dem 16. Jh. lässt sich öffnen und zeigt in seinem Inneren die Porträtminiaturen Karl IX. von Frankreich und der Katharina von Medici von Francois Clouet, Höhe 61 cm.

▶ »Goldenes Rössel«. Die aus Gold, Silber, Elfenbein, Perlen und Edelsteinen gefertigte Preziose vom Anfang des 15. Jh.s war ein Neujahrsgeschenk Isabellas von Bayern an ihren Gemahl Karl VI. von Frankreich. Die 62 cm hohe Plastik zeigt den Beschenkten selbst in Anbetung der Gottesmutter.

Mit dieser kurzen Bemerkung verband sich die theoretische Vorstellung der Renaissance, das Göttliche nicht mehr in dem strahlenden Glanz des Lichtes zu suchen, sondern vielmehr in der Natur als dem Schöpfungswerk Gottes. Die mittelalterliche Lichtmetaphysik wurde in der Renaissance durch die naturphilosophischen Gedanken des Neuplatonismus ersetzt. In den bildenden Künsten war es das oberste Gestaltungsprinzip, die Natur im Kunstwerk nachzuahmen. Innerhalb der Malerei wich der Goldgrund einem von Künstlerhand gemalten, meist mit Landschaftselementen ausgefüllten Hintergrund. Diese gemalten Landschaften sollten ein Bild der idealen Vollkommenheit der Welt geben, die von Gott geschaffen worden war und in deren Zentrum nun der Mensch stand.

Unter diesen veränderten Voraussetzungen büßte das Gold seine traditionelle Funktion als religiöser Bedeutungsträger ein. Wenn es in den Bildkompositionen noch verarbeitet wurde, dann galt es meist als überliefertes Symbol der mittelalterlichen Kunst. In der venezianischen Renaissancemalerei, etwa bei Giovanni oder Gentile Bellini, wurden die Apsisgewölbe der gemalten Kirchenräume häufig mit Gold dargestellt, um auf die alten Mosaiken zu verweisen. Auch wurden Kult- oder Altargeräte, wie Kreuze und Reliquiare, in Gold wiedergegeben, um ihr ehrwürdiges Alter zu dokumentieren. Dennoch blieben diese künstlerischen Darstellungsformen des Goldes in der Renaissance die Ausnahme. Das Refugium, in dem sich das Gold nun völlig entfalten konnte, war das Kunstgewerbe.

Bereits in der höfischen Kultur des Spätmittelalters galt das Gold als ein Zeichen des herrschaftlichen Standes und Ansehens. In der Renaissance wurde dieser weltliche Symbolgehalt stufenweise von dem reichen Bürgertum, den Patriziern und Kaufleuten, übernommen, um auf ihre erstarkende Macht in der Standesgesellschaft der Renaissance zu verweisen.

Zunächst waren es die goldenen Preziosen in den Schatzkammern der europäischen Königshäuser, die den Maßstab für die kunstgewerblichen Kostbarkeiten des 15. und 16. Jh.s bilden sollten. Das »Goldene Rössl« in der Schatzkammer in Altötting vom Anfang des 15. Jh.s war ein Neujahrsgeschenk von Isabella von Bayern an ihren Gatten Karl VI., König von Frankreich. Die thronende Madonna mit Kind, die von dem knienden Karl angebetet wird, zeigt die damals vorherrschende enge Verbindung zwischen den französischen Königen und der Kirche. Gold, Perlen und Edelsteine verweisen auf die außerordentliche Bedeutung dieser königlichen Goldschmiedearbeit. Über 100 Jahre später, um 1540, ließ der französische König Franz I. von dem italienischen Künstler Benvenuto Cellini ein großes goldenes Salzgefäß, die so genannte »Saliera«, erstellen. Cellini selbst erklärte in seiner Lebensbeschreibung die Bedeutun-

▶ »The Burleigh Nef«. Prunkvoller Tafelaufsatz des französischen Goldschmieds Pierre le Flamand aus vergoldetem Silber. Höhe 35 cm, 1482–83. Tischdekorationen dieser Art erfreuten sich in der höfischen Gesellschaft jener Zeit größter Beliebtheit.

◀ Salz- und Pfefferfass von König Franz I. von Frankreich. Die berühmte Tafeldekoration des italienischen Künstlers Benvenuto Cellini aus Ebenholz mit Gold und Email zeigt Neptun und Ceres, die Götter des Meeres und der Erde, um 1540.

gen der auf dem Gefäßdeckel montierten Figuren: »... um zu zeigen, wie das Meer sich mit der Erde verbindet, machte ich zwei Figuren einen guten Palm groß, die mit verschränkten Füßen gegeneinandersaßen, so wie man die Arme des Meeres in die Erde hineinlaufen sieht.«

Anstelle einer christlichen Symbolik wählte Cellini zwei allegorische Darstellungen des Planeten Erde. Neptun und Ceres, die beiden antiken Gottheiten des Meeres und der Erde, stehen für die Elemente, denen Salz und Pfeffer ihre Herkunft verdanken. Das gesamte Figurenprogramm mit den Reliefs der Windgötter und Tageszeiten und der kleine antike Triumphbogen versinnbildlichen einen kosmischen Zyklus, in dessen Zentrum zweifelsohne der Auftraggeber selbst, der französische König Franz I., stand.

Die königlichen Goldschmiedearbeiten waren Bedeutungsträger mit einem präzise festgelegten Aussagewert, der vor allem die Autorität der verschiedenen europäischen Dynastien zum Ausdruck bringen sollte. Die vormals christlichen Themenbereiche wurden in der Folge von antiken Mythologien ersetzt, deren Sinn darin bestand, den jeweiligen Herrschaftsanspruch durch einen Rückbezug auf die antike Tradition zu legitimieren. Im Verlauf des 16. Jh.s übernahm das wohlhabende Bürgertum dieses königliche oder adlige Geltungsgebaren und gab in den europäischen Zentren der Goldschmiedekunst, Brügge, Florenz, London, Nürnberg und Venedig, eine Vielzahl kostbarer Metallarbeiten in Auftrag. Goldene Pokale, Tafelaufsätze, Trinkbecher und Schalen waren die am häufigsten erworbenen Kunstprodukte.

In Nürnberg war es der Goldschmied Wenzel Jamnitzer, der im 16. Jh. sowohl für die ortsansässigen Patrizierfamilien wie auch die deutschen Kaiser Maximilian II. und Rudolf II. arbeitete. Vergleicht man die Kunstobjekte beider Auftraggeberschaften miteinander, etwa den Kaiserpokal Maximilians II. von 1565 bis 1570 mit dem »Merkelschen Tafelaufsatz«, den die Stadt Nürnberg 1549 ankaufte, so lassen sich grundsätzliche Stilunterschiede nicht mehr feststellen. Beide Metallarbeiten sind vergoldet, teilweise versilbert und besitzen eine Fülle figürlicher Details, deren feinste Ausarbeitung den hohen Grad des künstlerischen Aufwands erkennen lassen, der bei dem langwierigen und kostspieligen Herstellungsprozess vorgeherrscht haben muss. Auch wenn die europäische Gesellschaft der Renaissance in mehrere hohe Stände unterteilt war, so glichen sie sich zumindest in ihrem Anspruchsdenken, das durch den Besitz goldener Luxusobjekte versinnbildlicht

▶ Aus Eisen getriebener und mit Gold dekorierter Prunkhelm aus der 2. Hälfte des 16. Jh.s. Der goldene Glanz solcher Paraderüstungen wies ihre Träger als hochgestellte Persönlichkeiten aus.

▶▶ Detail eines Prunkschildes für König Karl IX. von Frankreich. Die Arbeit aus getriebenem, ziseliertem und teilweise emailliertem Gold von Pierre Redon zeigt eine Schlachtenszene, 1572.

◀ »Kathedra Petri«. Gianlorenzo Bernini gestaltete den päpstlichen Thron im Petersdom in Rom in den Jahren 1656 bis 1666 ganz im Sinne eines barocken Gesamtkunstwerks. Die Vergoldung des oberen Teils wie auch von Teilen der stützenden Kirchenväter symbolisiert den Abglanz des himmlischen Lichts.

▶ Hochaltar in der ehem. Augustinerchorherren-Stiftskirche in Rohr. Der 1722–23 von Egid Quirin Asam geschaffene Altar ist als illusionistisches »Theatrum Sacrum« wie eine Bühne gestaltet, auf der die Himmelfahrt Mariens gleichsam inszeniert wird. Ebenso wie bei Bernini verweist die Vergoldung auf den engen Bezug zur göttlichen Sphäre.

werden konnte, einander an. Im Kauf kostbarer Goldschmiedearbeiten konnte der Bürger selbst mit dem Kaiser konkurrieren.

Obwohl die zeitgenössische Kunsttheorie, wie bei Alberti, das Gold als Darstellungsmittel missbilligte, waren die Künstler dennoch auf vergleichbare Farben angewiesen. Die künstlerische Darstellung vergoldeter Rüstungen, Prachtgewänder oder Prunkgegenstände verlangte nach Farben, die einen ähnlichen Eindruck im Bild hervorbringen konnten. Die venezianische Ölmalerei des 16. Jh.s teilte die verschiedenen Gelb- und Braunfarben in unterschiedliche Farbwerte auf und verknüpfte diese mit einer im Bild perfekt inszenierten Licht-Schatten-Dramaturgie. So entstanden Farbtöne, die dem Gold annäherungsweise entsprachen.

So erstrahlen die verschiedenen goldenen Paraderüstungen von Karl V. oder Philipp II. in den Bildern Tizians in einem Glanz, den man auf den heute erhaltenen Rüstungen beider Herrscher in Madrid noch immer erkennen kann.

In einer Welt, die den religiösen Sinngehalt des Goldes zwar verleugnete, aber dennoch auf den weltlichen Glanz goldener Kostbarkeiten nicht verzichten wollte, besaß das Edelmetall lediglich einen profanen Charakter. Die Renaissance hatte das Gold des Mittelalters entmythologisiert und im Sinne einer Bildrepräsentation der hohen Stände auf seinen Kapitalwert reduziert. Erst der Barock sollte in dem Edelmetall einen neuen immateriellen Wert erkennen, der mit den Vorstellungen des Mittelalters durchaus vergleichbar war.

Barock und Rokoko

Einer der barocken Leitbegriffe im 17. und 18. Jh. war das »Theatrum mundi«, das Welttheater. Mit diesem universalen Begriff verband sich eine Vielzahl verschiedener Bedeutungen, die vom höfischen Zeremoniell der damaligen Herrscher bis zur dramatischen Inszenierung der bildenden Künste reichen. In diesem weit gespannten Bogen war das »Theatrum sacrum«, das heilige Theater, ein Sammelbegriff für die Kirchenkunst, die dem Gläubigen wie in einem Theater die göttliche Welt mit den Mitteln der Illusion vor Augen führte. Dekorationen, Kulissen und optische Prospekte sollten den Kirchenbesucher beeindrucken, ihn gleichsam überwältigen und ihn von den wahren Glaubensinhalten überzeugen. Die Ausstattung einer barocken Kirche gleicht somit einem Schauspiel, das den Betrachter in eine aufwändig inszenierte Scheinwelt entführen will.

Wie in einem Theater spielte die exakt kalkulierte Lichtregie hierbei eine große Rolle. Unterschiedliche Lichtquellen, die die Kunstwerke direkt oder indirekt beleuchteten, trugen zu dem künstlerischen Erscheinungsbild ebenso bei wie ein sorgfältig abgestuftes Farbspektrum. Hier war Gold bestens geeignet, um in den Schaubühnen der barocken Kunst das Göttliche zu versinnbildlichen.

Die »Kathedra Petri«, der päpstliche Thron in der Hauptapsis von St. Peter in Rom, wurde von Gianlorenzo Bernini 1656–1666 als ein riesiges Gesamtkunstwerk inszeniert. Getragen wird der päpstliche Stuhl von den monumentalen Skulpturen der vier Kirchenväter. Über dessen Rückenlehne entfaltet sich die Himmelsglorie der Engelschöre, die in einer Kreiskomposition um ein gelbfarbenes Ovalfenster angeordnet ist.

Der gesamte obere Teil ist vollständig vergoldet und symbolisiert die göttliche Sphäre. Auch die dunklen Bronzefiguren der Kirchenväter sind teilweise vergoldet, als läge auf ihnen bereits der Abglanz des himmlischen Lichts. Wie in einer Theateraufführung umrahmte Bernini den päpstlichen Thron mit Kulissen und dramatischen Akteuren. Das Gold wird dabei zum Sendboten des Göttlichen und entwickelt durch das im Ovalfenster konzentrierte Sonnenlicht seine festliche Leuchtkraft.

In den Jahren 1722/1723 verwirklichte einer der Hauptvertreter des bayerischen Spätbarocks, Egid Quirin Asam, in der Klosterkirche Rohr bei Ingolstadt einen Hochaltar, der auf ähnlichen Gestaltungsprinzipien beruht. Die Handlung in der vielfigurigen Komposition verweist auf den Moment der Himmelfahrt Mariens. Mit großen Pathosgebärden reagieren die Jünger auf dieses göttliche Wunder, während Maria, von Engeln getragen, empor zum himmlischen Licht schwebt. Wiederum ist es der Einsatz des Goldes, der beide Sphären, die irdische und die göttliche, voneinander trennt. Besteht die Schar der Jünger ausnahmslos aus weißen Stuckfiguren, so ist die Marien-

◀ Altar der Wallfahrtskirche Maria Gern bei Berchtesgaden in Oberbayern.

▲ Palastkapelle in der Sommerresidenz des Zaren Paul I. in St. Petersburg.

▸▸ (Folgende Doppelseite) »Galerie des Batailles« im Schloss von Versailles. Die prachtvolle Ausstattung der Residenz verweist auf die Identifikation Ludwigs XIV. mit dem Sonnengott Apollo.

◀ Neptuns-Brunnen am Schloss Peterhof bei St. Petersburg. Die herrschaftliche Barockanlage mit ihrem prachtvollen Park entstand 1714–52 als Sommerresidenz des russischen Zaren Peter des Großen.

▶ Prunkschlafzimmer in Schloss Herrenchiemsee. Das von Ludwig II. in Auftrag gegebene Schloß wurde 1878–92 nach dem Vorbild von Versailles errichtet.

gruppe bereits teilweise vergoldet, um ihre bevorstehende Ankunft in dem goldenen Strahlenkranz des Himmels zu verdeutlichen.

Auch die barocke Kunst bediente sich des Goldes, um religiöse Vorstellungen zum Ausdruck zu bringen. Damit war sie der Kunst des Mittelalters zwar durchaus vergleichbar, konnte aber durch das Medium der theaterhaften Inszenierung die Verwendung des Edelmetalls gewissermaßen verweltlichen. Nicht mehr der unmittelbare Zugang zu der himmlischen Sphäre stand bei der Verwendung des Goldes im Vordergrund. Vielmehr war der künstlerische Rahmen bereits eine Bühne, in welcher der goldene Glanz die Illusion des Göttlichen nur mehr verstärkte.

Wie die barocken Kirchen waren auch Schlösser und Paläste die Orte eines festlichen Geschehens. Eingebunden in ein höfisches Zeremoniell versammelte sich die barocke Gesellschaft, um ihren Souverän zu verherrlichen und sich selbst standesgemäß zu inszenieren. Die königlichen Schlösser, wie etwa Versailles, Wien oder Potsdam, waren der Maßstab, nach dem sich der europäische Adel ausrichtete. Je prunkvoller die Ausstattungen in den Residenzen waren, umso höher galt das Ansehen des jeweiligen Landesfürsten. Im Grunde verweist der Luxus eines barocken Hofstaates auf den Versuch, der pompösen und vom König vorgegebenen Lebensweise weitestgehend zu entsprechen.

In Versailles, dem Schloss des französischen Königs Ludwig XIV., dienten die Prunkgemächer sowohl dem Wohnen wie auch der Repräsentation. Eine Trennung von öffentlicher und privater Sphäre gab es für den Sonnenkönig nicht, da jede alltägliche Handlung in die Etikette und das Hofzeremoniell eingebunden war. In der Anordnung der Prachträume bildet die Abfolge von Kriegssaal, Spiegelgalerie und Friedenssaal an der Gartenseite des Schlosses eine künstlerische Einheit, die von Jules Hardouin-Mansart und Charles Lebrun 1678–1786 geschaffen wurde. In allen drei Sälen wird die Ausstattung vom Glanz des Goldes beherrscht. Hierin spiegelt sich nicht nur der königliche Herrschaftsanspruch, sondern auch die symbolische Gleichsetzung des Königs mit dem Sonnengott Apollo wider. Die Leuchtkraft des Goldes war das Sinnbild des Lichtes, das vom Sonnenkönig ausstrahlte.

Bis ins 18. Jh. wurden königliche wie adlige Repräsentationsräume gleichermaßen mit Gold ausgestattet. Vergleichbar mit der kirchlichen Kunst war dies weit mehr als nur eine materielle Zurschaustellung des Wohlstands ihrer Besitzer. Wie der König selbst wollte auch der Adel durch die Verarbeitung des kostbaren Edelmetalls seinen eigenen Status glorifizieren.

Mit seinem mehrschichtigen Symbolgehalt entsprach das barocke Gold einer Tradition, die bereits im Frühchristentum angelegt und von der komplexen Ideenwelt der klassischen Antike übernommen worden war. In der Folge wurden diese überlieferten Bedeutungen wieder aufgegriffen und in ihren verschiedenen Auslegungen weiter entwickelt. Als ein vielfach deutbares Zeichen für die menschlichen Werte, Glaubensinhalte und Untugenden prägte das Gold die Jahrhunderte abendländischer Kunst.

Der Weg nach Eldorado

Gold im alten Amerika

Wer kennt nicht den Begriff »Eldorado«? Im heutigen Sprachgebrauch häufig als Synonym für Paradies oder Schlaraffenland verwendet, geht die ursprüngliche Bedeutung »el Dorado – der Vergoldete« auf eine alte Überlieferung zurück. Ecuadorianische und kolumbianische Indianer erzählten den durchziehenden Konquistadoren die Geschichte vom sagenhaft reichen Herrscher. Bei großen Feierlichkeiten, wie bei bestimmten religiösen Festen oder der Krönungszeremonie, soll der Gott-König mit feinem Goldstaub eingepudert worden sein, den er anschließend in einem Bergsee wieder abwusch. Den vergoldeten Mann fanden die Europäer auf ihren beschwerlichen Expeditionen in das Innere des Kontinents zwar nicht, doch trieb sie die Suche nach den verborgenen Schätzen der Indianer zu immer neuen Eroberungen an.

◀ Die filigran gearbeitete Votivgabe, die einen fürstlich geschmückten Mann auf einem Floß zeigt, wird häufig als Darstellung der El-Dorado-Zeremonie gedeutet. Bei diesem Fruchtbarkeitsritual brachte ein junger Stammesherrscher in der Mitte eines Sees reiche Goldschätze als Opfer an Sonne und Wasser, die durch ihr Zusammenwirken den Menschen Nahrung geben und ihren Fortbestand sichern, dar.

◀ »Erforschung der Erde«. Der 1594 entstandene Kupferstich von Theodore de Bry zeigt Kolumbus, der im Namen der spanischen Krone Besitz von der Insel Hispaniola (Haiti) ergreift.

▶ Innenraum der Franziskanerkirche von Salvador (Bahia) in Brasilien. Häufig wurden die von den Konquistadoren erbeuteten Goldschätze dazu verwendet katholische Kirchen auf das Prunkvollste auszustatten.

Schon die erste Reise des Christoph Kolumbus 1492 war von dem Wunsch getragen, den Weg nach Indien, in das Reich des Großkhans (China) und das goldene »Zipangu« (Japan) zu finden. Von der Reisebeschreibung Marco Polos beeinflusst suchte Kolumbus in der karibischen Inselwelt, die er folgerichtig Westindien nannte, nach Städten mit Brücken aus feinstem Marmor und Häusern, deren goldene Dächer den Sonnenschein reflektierten.

Seine Aufzeichnungen künden vom ersten Tag seiner Landung in Amerika an von der rastlosen Suche nach Gold. Denn obgleich die einheimischen Inselbewohner in geringem Umfang Goldschmuck trugen, blieb der große Fund zunächst aus. Kolumbus ließ sich dennoch nicht entmutigen und forschte weiter nach dem edlen Metall. Begierig griff er jeden Hinweis über das vermeintliche Goldland des Großkhans auf. So glaubte er den Aussagen kubanischer Indianer entnehmen zu können, dass eine nahe Insel so reich mit dem Edelmetall gesegnet sei, dass ihre Bewohner das Gold nachts am Strand in so großen Mengen auflasen, um es anschließend zu Barren hämmern zu können. Unverzüglich brach Kolumbus zu diesem neuen Goldland auf – vergeblich, denn die goldenen Städte mit marmornen Brücken, nach denen er so leidenschaftlich forschte, waren nicht in Westindien zu finden, sondern im Fernen Osten. Kolumbus jedoch verharrte bis zu seinem Tod in dem Glauben, in »Indien« angelandet zu sein.

Bedeutend ernstere Konsequenzen hatte die Goldbesessenheit der Europäer, die Kolumbus folgten, für die Bewohner der Westindischen Inseln. Von den Eroberern zu unmenschlich harter Arbeit im Goldabbau gezwungen kamen die Indianer zu Tausenden ums Leben. Binnen weniger Jahrzehnte wurden die einst blühenden Kulturen der karibischen Inselwelt vollständig vernichtet.

Zwanzig Jahre nach Kolumbus machte sich Hernán Cortés daran, auch das Reich der Azteken auf dem Festland zu unterwerfen. In Sachen Gold entsprach das alte Mexiko den Wunschträumen der Eroberer weit mehr als die karibische Inselwelt. Als die Spanier Tenochtitlan, die blühende aztekische Hauptstadt, erblickten, trauten sie ihren Augen kaum. Auf unzähligen Inseln erhoben sich inmitten eines großen Sees prächtige Pyramiden und Paläste. Das Schatzhaus des Aztekenherrschers barg unermessliche Mengen an kunstvoll gearbeiteten Goldobjekten.

Der Großteil der aztekischen Schätze wurde von den Spaniern eingeschmolzen, doch konnte Albrecht Dürer während eines Aufenthalts in Brüssel eine für Karl V. bestimmte Sendung ausgewählter Stücke besichtigen. Besonders beeindruckt zeigte er sich von einer großen Sonne aus purem Gold und deren Gegenstück, einem Mond aus massivem Silber. Dürer bestaunte vor allem die hohe Kunstfertigkeit und die schlichte Schönheit der Schätze aus dem »neuen goldenen Land«.

▲ Pyramide des Kukulcan in Chichén Itzá, Yucatán. Das so genannte Castillo ist ein typisches Beispiel für die Architektur der Maya. Der Monumentalbau wurde erst in den 1930er Jahren ausgegraben.

▶ Mosaikmaske der Maya aus dem 6. Jh. n. Chr. aus Jade und Perlmutt. Jade und andere grüne Steine waren bei den Maya weit kostbarer als Gold.

Auf der Suche nach Gold durchdrangen die Konquistadoren Zentralamerika, wobei ihre Hoffnungen nach Reichtum weiter genährt wurden. In vielen indigenen Gesellschaften verwendete man Gold zur Herstellung von Schmuck und zur Anfertigung von Kultgegenständen. Während ihrer Eroberungszüge in Panama hörten die spanischen Soldaten von dem sagenhaft reichen Land »Biru« oder »Piru« im Süden. Bei einer ihrer ersten Erkundungsfahrten entlang der südamerikanischen Westküste 1526/27 gelang es ihnen, ein großes indianisches Floß mit kostbarer Fracht zu kapern. Die Gegenstände, die sie dabei erbeuteten, darunter viel Silber- und Goldschmuck, bestärkten sie in dem Glauben, den Weg ins Goldland »Piru« endlich gefunden zu haben.

Im Jahre 1532 begannen Francisco Pizarro und Diego de Almagro mit der Eroberung Perus. In der Andenstadt Cajamarca beobachteten sie den festlichen Einzug des Inkaherrschers Atahualpa auf einer goldenen Sänfte. Kurzerhand brachten sie den Inkafürsten in ihre Gewalt. Im Tausch gegen sein Leben bot Atahualpa den Spaniern große Mengen an Gold und Silber an. Die kühnsten Erwartungen der Konquistadoren jedoch wurden noch übertroffen von dem Bild, das sich ihnen in der Inkahauptstadt Cuzco bot: Der mit großen Goldplatten geschmückte Sonnentempel, die Corikancha, was so viel heißt wie »goldener Hof« oder »goldenes Stadtviertel«, enthielt neben goldenen Götterbildern sogar die naturgetreue Nachbildung eines Gartens aus purem Gold.

Mesoamerika

Der Begriff Mesoamerika wurde 1943 von dem deutschen Forscher Paul Kirchhoff geprägt und bezeichnet ein Gebiet in Mittelamerika, das durch das Vorhandensein bestimmter kultureller Merkmale charakterisiert ist. Kennzeichen der mesoamerikanischen Kulturen, deren Blütezeit zwischen 1500 v. Chr. und 1500 n. Chr. lag, waren unter anderem die Entwicklung eigener Schriftsysteme, hierarchische Gesellschafts-

ordnungen, komplexe Kalender und das typische Ballspiel mit einem Vollkautschukball, der meist mit der Hüfte, dem Gesäß oder dem Knie abgestoßen wurde. Im Bereich des mesoamerikanischen Kulturraumes entstanden geheimnisvolle Kulturen wie die der Olmeken, die um 1500 v. Chr. an der südlichen Golfküste nahe dem Isthmus von Tehuantepec auftritt. Zur Interpretation der künstlerischen Hinterlassenschaften dieser und anderer mesoamerikanischer Kulturen ist die Wissenschaft mangels schriftlicher Aufzeichnungen auf Vermutungen angewiesen. Aus der klassischen Periode der Maya-Kulturen hingegen, die im Zeitraum von 250–900 n. Chr. angesetzt wird, sind zahlreiche Inschriften auf Steinmonumenten sowie Aufzeichnungen in Handschriften, so genannten Codices, erhalten. Trotzdem widersetzte sich die Hieroglyphenschrift der Maya über lange Zeit hinweg allen Entzifferungsversuchen. Erst in der zweiten

▶ Dieser Brustschmuck aus einem Grab bei Monte Albán (Oaxaca) lässt die große Meisterschaft der mixtekischen Kunsthandwerker erkennen. Aufgrund der Darstellung lässt sich diese Goldmaske, die vermutlich zwischen 1200 und 1500 n. Chr. entstanden ist, als Totengott interpretieren.

▲ Das Schriftsystem der Maya erscheint auf den ersten Blick eine Bilderschrift zu sein, enthält aber auch eine ganze Reihe abstrakter Zeichen. Den spanischen Eroberern war sie bei ihren Missionsbestrebungen ein Dorn im Auge, sodass sie die schriftlichen Zeugnisse dieser Kultur rücksichtslos vernichteten, wo sie nur konnten.

Hälfte des 20. Jh.s gelang ein Durchbruch, der allmählich tieferen Einblick in die Kultur der Maya und einen bedeutenden Abschnitt der altamerikanischen Geschichte erlaubt.

Im Unterschied zu Europa war Gold im alten Amerika kein Zahlungsmittel. Vereinzelt könnten Metallobjekte im Tauschhandel ähnliche Funktionen erfüllt haben, doch war der Materialwert des Goldes unbedeutend für die amerikanischen Ureinwohner. Wert kam erst dem kunstvoll vearbeiteten Metall zu, das als Opfergabe für Gottheiten oder als Prestigeobjekt für die einheimischen Eliten diente. Den Europäern musste diese Herangehensweise an das in ihren Kulturen so kostbare und heiß umkämpfte Element völlig unverständlich gewesen sein. Sie interpretierten die scheinbare Achtlosigkeit, mit der die indianischen Gesellschaften Gold behandelten, als Zeichen für einen immensen Überfluss an dem gelben Edelmetall. Ein Missverständnis mit üblen Folgen für die altamerikanischen Kulturen.

Hervorragende Beispiele feinster Goldschmiedekunst wurden so zerschlagen und in Barren umgegossen, denn diese ließen sich als Beutestücke leichter aufteilen und zu Geld machen.

Es mag überraschen, dass sich die Kulturvölker Mesoamerikas nicht sonderlich mit der Produktion von Goldobjekten befassten. In dieser Hinsicht führend waren vielmehr die südlich anschließenden Häuptlingstümer Zentralamerikas, in deren Kulturen sich ein überbordender Reichtum an ästhetisch und kunsthandwerklich sehr ansprechenden Objekten findet. Über die Jahrhunderte gelangten verschiedene Techniken der Metallbearbeitung aus Südamerika über die zentralamerikanische Landbrücke allmählich nach Norden.

Gold im alten Mexiko

Obgleich im 16. Jh. Diego de Landa, der Bischof von Yucatán, in seiner Schrift über die religiösen Vorstellungen und Opferbräuche der Maya bereits durchblicken ließ, dass sie Goldobjekte in verhältnismäßig ge-

ringem Umfang besaßen, geisterten große Goldschätze weiter durch die Legenden, die sich um das einstige Maya-Zentrum von Chichén Itzá rankten. Die Suche nach dem Gold der Maya, Azteken und anderer mesoamerikanischer Kulturen kam so nie völlig zum Stillstand. Besonders die tief in den Kalkstein eingegrabenen Seen der Gegend, in der Literatur als »Cenotes« bezeichnet, denen die Maya vormals Opfergaben darbrachten, erregten die Aufmerksamkeit von Schatzsuchern und Wissenschaftlern. Tatsächlich förderten Taucher in den Jahren 1904–1907 zahlreiche kostbare Gegenstände aus solch einem Cenote zutage. Unter den Fundstücken befanden sich Jadeschnitzereien, Keramik, Gewebestücke, Opfermesser, Überreste menschlicher Skelette, Kupferschellen und fein ziselierte goldene Schalen. Die teils gegossenen, teils gehämmerten Goldobjekte waren allerdings nicht sehr zahlreich. Außerdem stellte sich später heraus, dass viele Stücke aus einer Legierung bestanden, die zum größeren Teil Kupfer und nur zum geringeren Teil Gold enthielt. Andere archäologische Fundorte belegen zudem, dass Gold bei weitem nicht die zentrale Bedeutung zukam wie in Europa. Beispielsweise galt Jade bei den Maya weit kostbarer als Gold.

Auch Hernán Cortés, der Eroberer des Aztekenreiches, machte die angenehme Erfahrung, dass in den mesoamerikanischen Gesellschaften Jade und andere grüne Steine höher geschätzt wurden als Gold. Bereitwillig tauschten die Indianer Gold ge-

▶ Dieser aufwendig gestaltete mixtekische Anhänger fand sich in dem reichsten Grab von Monte Albán. Dort wurde 1932 eine große Menge goldener Objekte entdeckt. Der Schmuck zeigt einen Ballspielplatz sowie Stern-, Sonnen- und Mondsymbole. Damit repräsentiert er die kosmische Ordnung.

◀ Dieser goldene Brustschmuck mit eingelegten Türkisen wurde auf der Brust eines Skeletts gefunden. Das eingelegte Motiv im Zentrum des Schmuckstücks stellt eine Schlange dar, die Anzahl der Ornament nimmt vielleicht auf kalendarische Zusammenhänge Bezug.

gen grüne Glasperlen. Die Vorliebe für die Farbe Grün zeigt sich auch in einer Federkrone, die als »Kopfschmuck des Moteuczoma« bezeichnet wird, ohne jedoch zwingenderweise wirklich vom letzten Aztekenherrscher getragen worden zu sein. Der aztekische Kopfschmuck, den Cortés an Karl V. schickte und der heute in Wien aufbewahrt wird, besteht aus langen grünen Quetzalfedern, Jadescheiben und kleinen goldenen Hohlperlen. Obwohl Gold also bei den Azteken nicht die beherrschende Stellung unter den Preziosen einnahm, kam dem Edelmetall als Opfergabe und zur herrschaftlichen Repräsentation doch größere Bedeutung zu. Auch zeugen die wenigen überlebenden Beispiele der aztekischen Goldbearbeitung von feinem ästhetischem Empfinden und hohem technischem Können.

Die Azteken wanderten um 1250 in das Becken von Mexiko ein, wo sie später ihre Hauptstadt Tenochtitlan gründeten. Bevor sie 1521 von den Spaniern und verbündeten indianischen Streitkräften unterworfen wurden, hatten sich die Azteken selbst als Eroberer hervorgetan und ihren Einflussbereich allmählich bis nach Acapulco an der Pazifikküste, an den Golf von Mexiko und an die Grenze zu Guatemala ausgedehnt. Aus den unterschiedlichen Regionen ihres Herrschaftsgebietes importierten die Azteken die jeweils besten Erzeugnisse nach Tenochtitlan, weshalb die kunstvollen Goldobjekte, die den Europäern bei der Eroberung Mexikos in die Hände fielen, in der Mehrzahl von Goldschmieden aus der Mixteka-Puebla-Region im heutigen mexikanischen Bundesstaat Oaxaca stammten.

Dort entdeckte 1932 der Mexikaner Alfonso Caso in der Ruinenstätte Monte Albán ein Herrschergrab vom Ende des 15. Jh.s, in dem sich unter anderem kunstvoll gearbeitete Schmuckstücke aus Gold und Silber fanden. Das vermutlich eindrucksvollste Objekt ist ein großes goldenes Pek-

toral, das den Todesgott darstellt, dessen kahler Schädel von einem hohen Kopfschmuck bekrönt wird. Weitere Schätze aus dem gleichen Grab sind ein Goldperlenkollier, bestehend aus zwölf Reihen, eine Goldbrosche mit Türkisinkrustierungen und ein goldener Anhänger, bei dem mehrere Segmente hintereinander geschaltet sind. Das oberste, H-förmige Segment zeigt zwei Ballspieler, die sich auf einem Spielplatz gegenüberstehen. Das darunter hängende, runde Segment trägt ein Sonnensymbol, darauf folgt ein rechteckiges Glied mit einem Schmetterling. Manche der Goldobjekte, die teils in verlorener Form, teils in Filigrantechnik gearbeitet sind, könnten bereits um 1250 entstanden sein.

Mixtekische Künstler produzierten unter anderem goldene Lippenpflöcke, die in Schlangen- oder Vogelköpfen ausliefen und vornehmen Herren als Körperschmuck dienten. Sie dürften auch viele andere, später als aztekisch bezeichnete Metallwaren hergestellt haben. Da das Gros der aztekischen Goldarbeiten jedoch nach der spanischen Konquista eingeschmolzen wurde, ist ihre Herkunfts- und Altersbestimmung oder gar ein Qualitätsurteil darüber gänzlich unmöglich.

Zentralamerika: die goldene Brücke

Costa Rica, Nicaragua und Panama bilden die Brücke zu Südamerika, besonders zum Goldland Kolumbien, was sich bereits in den bevorzugten Techniken des Gusses in verlorener Form und des falschen Filigran zeigt. Den Süden Costa Ricas erreichten diese metallurgischen Kenntnisse ungefähr zwischen 300 und 500 n. Chr. Auch in späterer Zeit konzentrierte sich die Metallverarbeitung auf den Südwesten des Landes, der mit Panama in engem Kulturkontakt stand. Begünstigt wurde die Goldschmiedekunst in Zentralamerika neben der bevorzugten Lage an den Verbindungswegen zwischen Süd- und Mesoamerika auch durch die beträchtlichen Goldvorkommen. Meist gewann man das Edelmetall durch Ausschwemmen aus Flusssand.

Trotz der deutlichen Beziehungen zum nördlichen Südamerika entwickelten die Goldschmiede Zentralamerikas einen eigenen Stil von großer Schönheit. Außer Schmuckstücken, wie Ohrgehängen, Halsketten und Nasenschmuck, stellten die Schmiede in großer Zahl Objekte von bisher noch nicht gänzlich entschlüsselter religiöser Bedeutung her. Häufige Motive sind Tiere und anthropomorphe Figuren: Manchmal handelt es sich um Mischwesen aus Mensch und Tier, manche Figuren tragen Tiermasken oder Kostüme, andere sind von kleineren figürlichen Darstellungen umgeben, die als Symbole von Hilfsgeistern eines Schamanen interpretiert werden. Unter den Tierdarstellungen dominieren Jaguare und Vögel, aber auch Fische, Hummer,

▲ Herzförmiger Brustschmuck aus gehämmertem Gold mit getriebenem Gesicht und Kettengehänge der Calima-Kultur, die zwischen 300 v. Chr. bis etwa 1200 n. Chr. im Westen Kolumbiens bestand.

◄ Figuren aus Costa Rica. Die Goldschmiede des Zwischengebietes, das sich von Costa Rica bis zum heutigen Ecuador erstreckt, stellten Schmuck wie Nasen- und Ohrringe sowie Halsketten aus vielen gleichartigen Einzelelementen, aber auch Kultgegenstände, die religiösen Zeremonien vorbehalten waren, her.

Schmetterlinge, Fledermäuse und anderes Getier werden abgebildet. Beliebt bei den Goldschmieden Costa Ricas war offenbar auch das Krokodil. Bei einem Fundstück trägt das mächtige Tier eine kleine menschliche Figur zwischen den Kiefern. Die Häufigkeit der Darstellung von Tieren und Mischwesen deutet auf die bei den indigenen Gesellschaften Südamerikas weit verbreitete Vorstellung der Einheit von Mensch und Tier in mythischer Zeit hin. Auch spielen Tierherren und tierische Hilfsgeister eine große Rolle im Wirken der Schamanen.

Südamerika

In Südamerika gelangte die Goldverarbeitung schon früh zu großer Blüte. Vor allem an der Westflanke des Subkontinents existierten über die Jahrhunderte hinweg viele archäologische Kulturen, die über ausgereifte Kenntnisse in der Metallurgie verfügten und besonders kunstvolle Objekte aus Gold schufen.

Zentrum und Ausgangspunkt der Metallverarbeitung war das Andengebiet, wo bereits um 2000 v. Chr. Gold in kleinerem Umfang bearbeitet wurde. In dieser ersten Phase schlug man das Gold mit Steinhämmern zunächst zu feinen Blättern, die sich dann leicht weiterverarbeiten ließen. Produziert wurden auch in den südamerikanischen Kulturen vor allem Schmuckstücke, kultische Objekte und Herrschaftsinsignien und andere Gegenstände, die als Ausdruck politischer Macht dienten.

Gold wurde in den Andenkulturen als erstes Metall entdeckt. Während in der Epoche der Chavín-Kultur seit dem 8. Jh. v. Chr. Gold durch Hämmern oder Pressen zu kleineren Objekten geformt wurde, scheint die Silberverarbeitung erst später, seit dem 1. Jh. v. Chr., in größerem Umfang sogar erst um 1000 n. Chr., in Gang gekommen zu sein. Von Chavín im Norden Perus übernahmen die angrenzenden Küstenkulturen die Vorliebe für das edle Material und brachten es in der Bearbeitung des Goldes zu großer Perfektion. Um 1475 eroberten die Inka schließlich die nordperuanische Küste, unterwarfen das Reich von Chimú und nahmen die versierten Handwerker mit in ihre Hauptstadt Cuzco, wo sie die inkaische Metallverarbeitung durch ihre Kunst weiter vervollkommneten.

Die Heimat von El Dorado

Vorbild für die Legende von El Dorado, dem vergoldeten Herrscher, war vermutlich ein Stammesführer der Muisca, die in vorkolumbischer Zeit die Hochtäler um die heutige kolumbianische Hauptstadt Bogotá bewohnten. Die Überlieferung von El Dorado geht wahr-

▲ Vier Ohrringe aus falschem Filigran, der die Wirkung von verlötetem Golddraht erzielen soll. Der im 6.–8. Jh. entstandene Schmuck ist der Sinú-Kultur Nordkolumbiens zuzuordnen. Die Sinú-Goldschmiede schufen neben Schmuck auch Objekte mit kultischer Bedeutung.

◀ Die aus getriebenem Gold gearbeitete und mit Schmuck aus Golddraht ergänzte Maske war Teil einer kolumbianischen Grabbeigabe.

scheinlich auf einen religiösen Brauch zurück, durch den ein junger Stammesfürst der Muisca zu bestimmten Festtagen seine direkte Abkunft vom Sonnengott eindrucksvoll unterstrich: Vollkommen mit Goldstaub bedeckt fuhr der Herrscher in Begleitung von vier Gefolgsleuten auf einem mit Goldobjekten und Edelsteinen beladenen Floß bei Sonnenaufgang auf den heiligen See von Guatavita hinaus. Von den Strahlen der Sonne beschienen muss er wie überirdisch geglänzt haben. In der Mitte des Sees angelangt sollen die Würdenträger die Opfergaben den Fluten übergeben haben. Nach historischen Quellen wusch sich der junge Herrscher anschließend bei einem Bad im See den Goldstaub ab. Kein Spanier beobachtete jemals die beschriebene Zeremonie, doch deutet man kleine goldene Votivgaben, die einen Mann mit herrschaftlichem Kopfschmuck auf einem mit Gegenständen beladenen Floß darstellen, als Repräsentationen des El-Dorado-Rituals.

◀◀ Goldschmiedearbeit der Tairona-Indianer in der Form eines Vogelmenschen. Der aufwendige, fächerartige Kopfputz ist charakteristisch für die anthropomorphen Gestalten der Tairona-Goldschmiede.

◀ Goldener Schutzgott aus Tairona. Die um 600 n. Chr. entstandene Arbeit steht am Beginn der Goldschmiedearbeiten dieser Region, die ab dem 10. Jh. zur vollen Blüte gelangten.

Tatsächlich war Kolumbien eines der wichtigsten Goldländer der Neuen Welt. Art und Techniken der Goldverarbeitung strahlten von Kolumbien aus bis nach Panama und Costa Rica. Die altkolumbianischen Fundstücke zeichnen sich durch große künstlerische Ausdruckskraft und gestalterische Eigenständigkeit aus. In den verschiedenen Kulturregionen Kolumbiens bildete sich eine stilistische Vielfalt heraus, die es erlaubt, auch von Grabräubern aus ihrem archäologischen Zusammenhang gerissene Fundstücke den einzelnen Goldschmiedetraditionen zuzuordnen.

Kolumbianische Goldschmiede bevorzugten die Gusstechnik der verlorenen Form, verarbeiteten aber auch Goldbleche. Die frühesten Stücke aus der Region Calima im Südwesten Kolumbiens stammen bereits aus dem 1. Jh. n. Chr. In den meisten Zentren der Goldverarbeitung Kolumbiens setzte die Produktion in größerem Maßstab jedoch erst später, mit dem frühen 6. Jh. n. Chr., ein, ist also deutlich jünger als die Funde aus den Zentralanden.

Tumbaga

Tumbaga nennt man eine Legierung aus Gold und Kupfer in variabler Zusammensetzung. Der Kupferanteil kann dabei bis zu 70 Prozent betragen. Tumbaga besitzt den Vorteil eines niedrigeren Schmelzpunktes. Hinzu kommt die größere Härte der Legierung.

Tumbaga-Objekte wurden durch Säurebehandlung und verschiedene andere Techniken wie der »mise-en-couleur«-Technik an der Oberfläche vergoldet. Hierbei wurde das bei der Erwärmung der Oberfläche entstehende Kupferoxid mit Pflanzensäften entfernt, sodass eine Oberfläche aus reinem Gold übrig blieb.

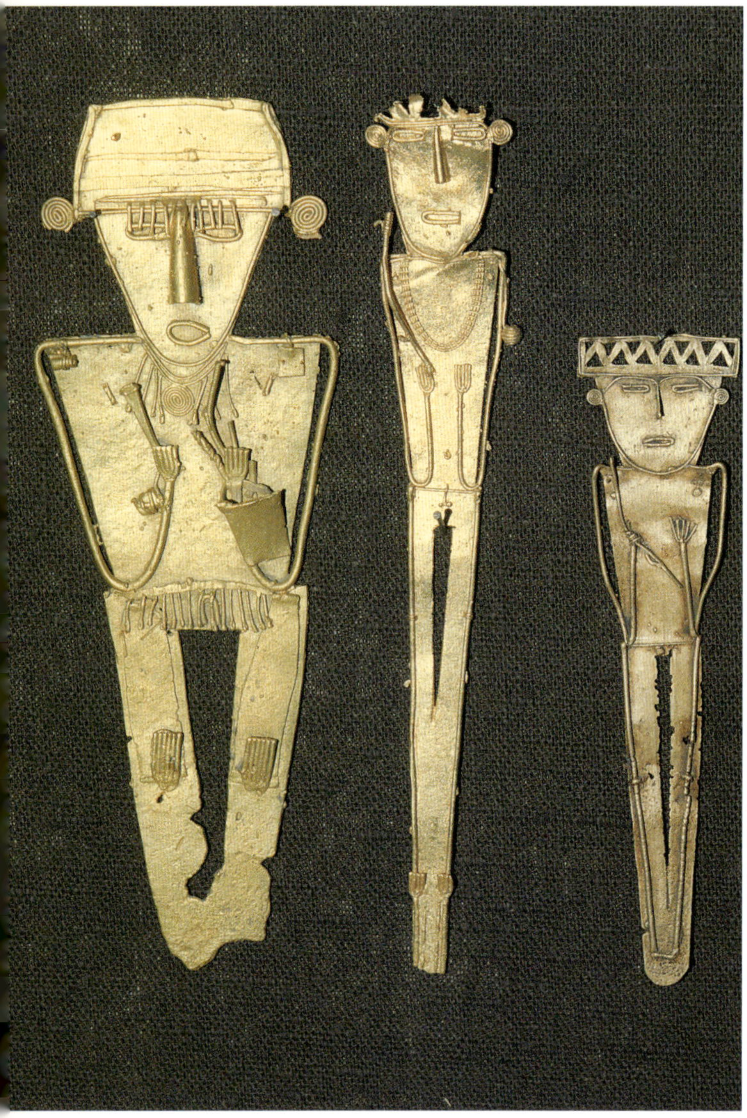

In den tropischen Tiefebenen der Flüsse Cauca und Sinú des nördlichen Kolumbiens entstand bereits ab dem 5. Jh. n. Chr. die Sinú- oder Zenú-Kultur mit einem ausgereiften Goldhandwerk. Die Schmiede erzeugten zierliche Schmuckstücke wie Ohrringe und Ketten, teils in falschem Filigran ausgeführt, sowie naturgetreue Darstellungen von Tieren, die vielleicht als Stockknauf verwendet wurden. Ähnlich wie in anderen altamerikanischen Kulturen konzentrierten sich auch die Zenú-Goldschmiede auf die Produktion von Schmuckgegenständen und Kultobjekten. Offenbar maßen die Träger der Zenú-Kultur dem Leben nach dem Tod große Bedeutung zu, da sie ihre Toten mit reichem Goldschmuck bestatteten.

In die gleiche Periode zwischen 500 und 1000 n. Chr. fällt die Entwicklung der klassischen Quimbaya-Kultur am Mittellauf des Cauca-Flusses, in der Region von Popayan. Mit großer Kunstfertigkeit schufen diese Handwerker Figuren, Pektorale und Gefäße in unterschiedlichsten Formen, zum Beispiel als Masken und als plastische Darstellungen von Menschen. Solche Behälter dienten zur Aufbewahrung von Kalk, den man den Kokablättern zum Kauen zusetzte, um ihre berauschende Wirkung zu verstärken.

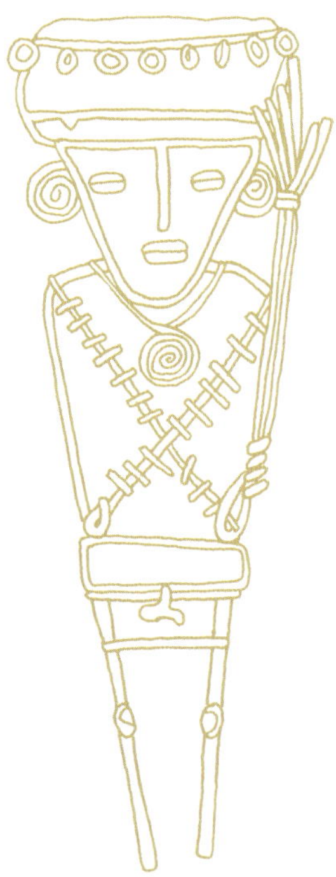

Mit beeindruckendem Kopfputz präsentieren sich die figürlichen Menschendarstellungen der Tairona-Goldschmiede der Sierra Nevada in Nordkolumbien, wo das Handwerk im 6. und 7. Jh. unserer Zeitrechnung einsetzte und ab dem 10. Jh. zur vollen Blüte gelangte. Die kleinen Gestalten wurden häufig in Tumbaga, einer Gold-Kupfer-Legierung, gegossen und sind meist als Anhänger gearbeitet. Die Aufmachung der Gestalten, die teils menschliche, teils tierische Gesichtszüge tragen, entspricht der von Tairona-Würdenträgern in vollem Ornat mit all ihren Herrschaftszeichen. Grabfunde belegen die Verwendung solch reichen Schmucks beispielsweise bei Häuptlingen. Getragen wurden goldene Fußringe und Manschetten für Unterarme oder Beine sowie Nasen-, Ohr- und Lippenschmuck als Ring oder Pflock. Ebenfalls zur Ausstattung des Tairona-Würdenträgers gehörten Diademe,

▲ Das oft als »Floß des El Dorado« interpretierte Stück wurde, anders als man es beim ersten Hinsehen vermuten würde, im Wachsausschmelzverfahren gegossen. Die minutiösen Details verlangten den Handwerkern der Muisca- oder Chibcha-Kultur höchste Kunstfertigkeit ab.

◀ Votivfiguren der Muisca-Goldschmiede. Die »tunjos« genannten Figuren von Menschen und Tieren wurden zu mehreren in Keramikgefäße gegeben und als Opfergabe an die Götter in der Natur versteckt. Charakteristisch ist die flache und weitgehend abstrahierende Gestaltung.

Ketten aus Goldperlen sowie große Schmuckanhänger in Form von flachen Scheiben in getriebenem Gold. Gürtel bestanden aus biegsamen, in feinem Gold gehämmerten Bändern. Textilien verzierte man durch aufgenähte Goldplättchen.

Der Begriff Tairona steht eher für eine regionale kulturelle Tradition als für eine ethnische Gruppe. Unter den Goldobjekten begegnen uns wiederum vielfach Darstellungen von Mensch-Tier-Mischwesen sowie Tiere wie Frösche, Jaguare, Schlangen und Vögel.

Auch die Muisca können auf eine große Tradition der Goldbearbeitung zurückblicken. Ihre Goldschmiede standen in so hohem Ansehen, dass sie von den Häuptlingen an die Herrscher angrenzender Gebiete »verliehen« wurden. Obgleich die Region über keine eigenen Goldvorkommen verfügte und das Edelmetall

einführen musste, galten die Muisca-Schmiede als besondere Könner. Es gab zwei Typen von Goldschmieden. Eine Gruppe widmete sich der Herstellung von Schmuckgegenständen, während die andere in den Zeremonialzentren lebte und ausschließlich Votivgaben für die Gottheiten produzierte. Die Votivgaben, »tunjos« genannt, waren eine Spezialität der Muisca-Schmiedekunst. Es handelt sich dabei um kleine figürliche Darstellungen von Menschen und Tieren. Meist sind sie flach, ohne einen modellierten Körper, mit aufgesetzten, stark abstrahierenden Merkmalen, wie bei einer Strichzeichnung. Bestimmte Kleidungsstücke oder andere Charakteristika deuten jeweils das Geschlecht, Alter oder die soziale Stellung der dargestellten Person an. Trägt eine Figur Waffen, so weist dies beispielsweise auf die Darstellung eines Kriegers hin. Gleich nach der Fertigstellung wurden die Figürchen zu mehreren in Keramikgefäßen deponiert und in der freien Natur als Gabe an die Götter versteckt.

Weiter südlich, in der nördlichen Küstenregion Ecuadors, entfaltete sich zwischen 100 v. Chr. und etwa 700 n. Chr. die Kultur von La Tolita/Tumaco. Unter den zahlreichen Zentren des vorspanischen Goldschmiedehandwerks in Ekuador zeichnet sich La Tolita durch zwei Besonderheiten aus: Zum einen verfertigten die Schmiede hochwertigen Goldschmuck in Miniaturausführung, zum anderen versuchten sie sich – zu dieser Zeit einzigartig in der Welt – in der Platinverarbeitung. Der Schmelzpunkt von Platin liegt mit 1773 °C etwa 700 °C höher als der von Gold, eine Temperatur, die bei den technischen Gegebenheiten der damaligen Zeit natürlich nicht erreicht werden konnte. Man experimentierte daher in dieser Phase vor allem noch damit, Platin und andere Metalle auf andere Weise miteinander zu verbinden.

Im 15. Jh. dehnten die Inka ihren Machtbereich nach Ecuador aus, was recht schnell zu einer Überlagerung der einheimischen Goldproduktion durch Erzeugnisse aus dem zentralen Andengebiet führte, denn die inkaischen Beamten und die einheimische Elite umgaben sich in den ecuadorianischen Verwaltungszentren des Imperiums mit Vorliebe mit den prestigeträchtigen Importen aus dem Kernland des Inkareichs.

Die goldene Küste Perus

Spätestens seit der spanischen Konquista ist die Küste Nordperus ein Paradies für Schatzsucher. Um Schätze heben zu dürfen, reichten die Schatzgräber der Kolonialzeit ein Gesuch bei der königlichen Verwaltung ein, in dem sie vorgaben, Opfergaben aus alten heidnischen Kultstätten bergen zu wollen. Tatsächlich handelte es sich in den weitaus meisten Fällen um Grabraub. Über die Jahrhunderte hinweg änderte sich an dieser Situation nicht viel, nur mit dem Unterschied, dass Grabräuber heutzutage keine Anträge mehr stellen, sondern im Geheimen operieren. Immer noch gehen den Archäologen viele mögliche Erkenntnisse über die vorkolumbischen Kulturen auf Grund solch unsachgemäß durchgeführter Raubgrabungen verloren.

◀ Peruanisches Klanginstrument mit der Darstellung eines Henkers. Die Goldschmiedearbeit entstammt der peruanischen Moche-Kultur. Auch andere Motive der Mochica-Goldschmiede, beispielsweise Krieger mit der Kopftrophäe des getöten Feindes, lassen auf eine kriegerische Kultur schließen.

▶ Affenkopf der peruanischen Moche-Kultur. Der Kopf aus Gold, Lapislazuli und Türkis wird in die Zeit zwischen 100 v. Chr. und 600 n. Chr. datiert.

Umso bedeutender ist für die Wissenschaft der Erfolg des peruanischen Archäologen Walter Alva, dem in den Jahren 1987–1989 an der Nordküste Perus mit dem Grab der Herren von Sipán ein sensationeller Fund gelang. Unter einem Erdhügel verborgen entdeckte er mehrere Fürsten- und Priestergräber aus dem 2.–4. Jh. unserer Zeitrechnung. Sie enthielten eine ungeahnte Fülle erlesenster Goldschätze. Allein der Schmuck des jüngeren Herrn von Sipán lagerte in vielen Schichten unter und über dem Bestatteten. Unter den handwerklich und künstlerisch ausgezeichneten Objekten waren Ohrschmuck, Ketten, Diademe, Pektorale, verschiedene Schmuckstücke in Gold mit Türkisinkrustierungen und eine Kette, die zur Hälfte aus silbernen, zur anderen Hälfte aus goldenen Erdnüssen besteht. Darüber hinaus fanden sich Herrschaftsabzeichen wie ein Zeptermesser mit silberner Klinge und goldenem, in Treibtechnik verziertem Griff.

In einer darunter liegenden Schicht fanden die Archäologen das Grab eines früher regierenden Herrschers. Auch dieser Mann wurde inmitten der Rangabzeichen seines irdischen Daseins bestattet. Zahlreiche goldene Schmuckstücke und Kunstgegenstände, darunter Göttergestalten mit tierischen Attributen, die Figur eines Kriegers in Miniatur mit Applikationen aus Türkis und einer Ausstattung, die ihn als eine Art Porträt des Bestatteten erscheinen lassen, Ketten aus naturgetreu nachgebildeten menschlichen Gesichtern und eine Art Männerrock aus Gold, der wiederum mit einem Götterbild verziert war, belegen die Meisterschaft der Mochica-Goldschmiede.

◄ Goldene Kugel mit Zähne fletschendem Raubkatzengesicht. Die aus einem Grab in Sipán, einem der kulturellen Zentren der Moche-Kultur stammende Kugel aus vergoldetem Kupfer war Teil einer Halskette, um 260 n. Chr.

Das Gold der Herren von Sipán entwirft ein Bild von der Pracht und dem Reichtum, der die Fürsten der Moche-Kultur der peruanischen Nordküste umgab. Es lässt sich daran auch ablesen, dass es sich hier um eine hierarchische Gesellschaft mit spezialisierten Handwerkern und einem ausgeprägten Glauben an ein jenseitiges Leben gehandelt haben muss. Neben den Schätzen wurden den bestatteten Fürsten und Priestern sowohl männliche und weibliche Menschen- als auch Tieropfer (Hund, Lama) als Begleiter auf ihrer Reise ins Jenseits beigesellt.

Bereits um ca. 500 v. Chr. begann sich im Tal des Flusses Moche und in angrenzenden Flusstälern der ariden Nordküste Perus eine Kultur herauszubilden, die man später wegen ihres Zentrums im Moche-Tal als Moche-Kultur bezeichnete. Die Träger dieser Kultur nannte man Mochica. Wie bei den anderen archäologischen Kulturen Südamerikas gibt es auch zu den Mochica keinerlei schriftliche Aufzeichnungen aus vorspanischer Zeit, weshalb natürlich auch diese Benennung eine Konvention ist, keine überlieferte Tatsache. Noch ist nicht bekannt, in welcher Weise die Moche-Kultur ihre Vorherrschaft über die Nordküste begründete. Durch die Grabfunde, speziell diejenigen von Sipán, scheint sich die Annahme der Archäologen zu bestätigen, dass eine Elite von Herrschern und Priestern eine streng hierarchisch gegliederte Gesellschaft regierte. Ab dem 1. Jh. v. Chr. begannen die Mochica riesige Pyramiden aus getrockneten Lehmziegeln errichten zu lassen. Dies ist ein weiteres Indiz für ihre straff organisierte Gesellschaftsordnung, denn für die Herstellung und das Verbauen der Millionen von Lehmziegeln war die Rekrutierung zahlreicher Arbeiter notwendig. Immer wiederkehrende Darstellungen von Mochica-Kriegern mit Abzeichen hohen Rangs, die im Begriff sind, Menschen zu enthaupten oder sogar schon die Kopftrophäe des getöteten Feindes in der rechten, das Opfermesser in der linken Hand halten, lassen auf eine kriegerische Kultur schließen.

Ab etwa 700 n. Chr. verloren die Mochica zunächst im äußersten Norden der peruanischen Küste

▲ Im Lambayeque-Tal an der Küste Nordperus hatte sich etwa von 1000 n. Chr. bis zu ihrer Eroberung durch die Chimú um 1420 eine Kultur etabliert, die zahlreiche Goldblecharbeiten wie diese beiden figürlichen Darstellungen hinterlassen hat.

▲ Als »Tumi« bezeichnetes Ritualmesser mit der Darstellung eines Sicán-Herrschers, entstanden um 1100/1300.

▶ Kleine Vogelfigur der Moche-Kultur. Die Goldschmiedearbeit aus Goldblech mit Halbedelsteineinlagen stammt aus der Zeit zwischen dem 3. und 6. Jh. n. Chr.

deutlich an Einfluss. Andere lokale Kulturen traten ihr Erbe an. Parallel dazu lösten im Andenhochland mehrere kulturelle Traditionen einander ab. Ihnen allen war jedoch gemeinsam, dass sie über spezialisierte Kenntnisse der Goldgewinnung und -verarbeitung verfügten.

An der Nordküste setzte im 8. Jh. als Erste die Kultur von Sicán im Lambayeque-Tal die Tradition der Mochica fort. Ihre höchste Blüte erreichte die Sicán-Kultur um 900 n. Chr. Die kunstfertigen Goldschmiede von Sicán stellten Schmuckobjekte, Schalen, Becher, Steigbügelgefäße und diverse andere Gegenstände her. Viele der Objekte sind aus Goldblech geformt und zusammengefügt. Besondere Berühmtheit erlangte ein Opfermesser, der »Tumi von Illimo«. Tumi werden die Zeremonialmesser der Nordküste mit halbmondförmiger Schneide genannt. Als Knauf ziert dieses goldene Messer eine sorgfältig ausgearbeitete Männerfigur, mit Türkiseinlagen in Kopf- und Ohrenschmuck. Die Darstellung soll Ñaymlap, den mythischen Urvater der Menschen von Sicán, zeigen. 1586 wurde die Legende von Ñaymlap von einem Spanier zum ersten Mal aufgezeichnet. Die in der Sicán-Kultur wiederkehrenden Repräsentationen einer geheimnisvollen anthropomorphen Göttergestalt weisen einige gemeinsame Züge mit den Charakteristika Ñaymlaps in den historischen Quellen auf. Um 1400 verschwindet die eigenständige kulturelle Tradition der Sicán.

Nach dem endgültigen Niedergang der Moche-Kultur zu Beginn des 9. Jh.s entstand im gleichen geographischen Gebiet allmählich die Chimú-Kultur. Um das Jahr 1000 gründeten die Chimú ihre Hauptstadt Chan Chan, deren Ruinen eine riesige Fläche einnehmen. Aus getrockneten Lehmziegeln errichtet war die Stadt Sitz der Chimú-Herrscherschicht. Das Reich von Chimú oder Chimor dehnte sich rasch an der Küste Perus aus. In der Bearbeitung von Edelmetallen knüpften die Chimú an die hohe Kunst der Mochica an. Unter den von Chimú-Handwerkern gefertigten Objekten befinden sich so ausgefallene Stücke wie eine hohe goldene Zeremonialkrone mit gehämmerten Verzierungen und dazu passende, ebenfalls reich in Repoussé-Technik dekorierte Zeremonialhandschuhe aus Gold. Man fand aber auch goldene Masken und eine hölzerne Sänfte mit Einlegearbeiten aus Gold und Silber, auf der hohe Würdenträger bei zeremoniellen Anlässen getragen wurden. Ihren Höhepunkt erlebte die Chimú-Kultur zwischen 1350 und 1450. Danach mussten sich die Chimú gegen die Heere der expandierenden Inka zur Wehr setzen und wurden schließlich von den Eroberern aus dem Hochland unterworfen. Fortan bereicherten die Chimú-Goldschmiede das Goldhandwerk in der Hauptstadt des Inkareiches durch ihr Können.

Der Schatz der Inka

Der größte Staat des vorkolumbischen Amerika wurde in nur knapp einem Jahrhundert von den Inka im Andenraum errichtet. Kurz vor Beginn der spanischen Konquista dehnte sich ihr Reich an der Westflanke Südamerikas von Südkolumbien bis Mittelchile auf einer Länge von etwa 4500 km aus. Als Meister der Organisation machten sich die Inka im Andengebiet bereits allgemein verbreitete Institutionen zunutze und erweiterten sie auf Staatsebene. Andererseits festigten sie ihren Herrschaftsanspruch in neu eroberten Gebieten durch Neueinführung einer Reihe von Maßnahmen.

Techniken der Goldschmiedekunst im alten Amerika

Die Goldschmiede des alten Amerika wandten hauptsächlich zwei Techniken an: die Bearbeitung von Goldblechen und den Guss in verlorener Form (Wachsausschmelzverfahren).

Zur Herstellung von Metallblechen wurde das Material mit Steinhämmern, später auch mit Metallwerkzeugen bearbeitet. Während dieses Prozesses musste das Gold immer wieder erhitzt und gleich darauf wieder abgekühlt werden, um das Metall geschmeidig zu halten. Das Hämmern und Treiben von Metallblechen war vom Andengebiet bis nach Mexiko verbreitet.

Die zweite Technik, der Metallguss, war in Kolumbien und im angrenzenden Zentralamerika dominierend. Beim Wachsausschmelzverfahren stellte man zunächst aus Bienenwachs ein Modell des Stückes her, das man gießen wollte. Darauf fügte man, ebenfalls aus Wachs, die Gießkanäle an, umkleidete das Modell mit Ton, sodass eine Form entstand, die beim Erhitzen das Wachs abgab. Übrig blieb ein Hohlraum, in den das flüssige Metall gegossen wurde. War das Metall erkaltet, zerschlug man die Form und bearbeitete die Stücke durch Schleifen und Polieren weiter. Auf diese Weise stellte man jeweils ein Unikat her, denn die Gussform wurde zerstört.

Auch das so genannte falsche Filigran wird mittels feiner Wachsfäden durch Metallguss in verlorener Form erzeugt, während man beim echten Filigran Golddraht verlötet.

Zu Letzteren zählte die Installation des Sonnenkultes als Staatsreligion. Überall im Reich wurden Tempel für den Sonnengott eingerichtet. Da der Inkaherrscher als Sohn der Sonne galt, genoss er ebenfalls göttliche Verehrung und bezog aus diesem Umstand auch die Legitimation seiner Herrschaft. Als direkte Nachfahren des Sonnengottes fühlten sich die Inka als rechtmäßige Anführer und Lehrmeister der anderen Andenbewohner.

Bei den Inka galt das Gold als »Schweiß der Sonne«, während Silber als »Tränen des Mondes« betrachtet wurde. In den Tempeln für die männlich gedachte Sonnen- und die weibliche Mondgottheit wurden die entsprechenden Edelmetalle zur Anfertigung von Götterbildern und Kultgerät verwendet. Der warme Glanz des Goldes symbolisierte die wärmenden Strahlen der Sonne, während das kalte Mondlicht durch Silber repräsentiert wurde. Entsprechend der herausragenden Bedeutung der Sonne im Staatskult der Inka, nahm unter allen ihren Kultstätten des Reiches die Corikancha, das Sonnenheiligtum in der Hauptstadt Cuzco, die wichtigste Stellung ein. Übereinstimmend berichten zahlreiche historische Quellen aus der frühen Kolonialzeit, dass die Wände der Kultstätte auf der ganzen Fläche mit großen Goldplatten geschmückt waren. Eine lebendige Beschreibung verdanken wir dem Autor Inca Garcilaso de la Vega, der als Sohn

eines spanischen Konquistadors und einer Inkaprinzessin später die Erinnerungen aus seiner Kindheit und die Erzählungen seiner inkaischen Verwandtschaft über die ruhmreiche Vergangenheit ihres Imperiums in einem viel gelesenen Geschichtswerk niederlegte.

Demnach soll das Standbild des Sonnengottes eine große goldene Scheibe gewesen sein. Die Gottheit selbst wurde als menschliches Antlitz, das von einem Strahlenkranz umgeben war, dargestellt. Neben weiteren Götterfiguren aus Gold und Silber, die ebenfalls in der Corikancha Aufstellung fanden, war noch reiches Kultgerät vorhanden.

Prunkstück des Tempels und spektakulärstes Wunderwerk des Inkaschatzes jedoch war der sagenumwobene Garten aus Gold: In einem eingefassten Hof des Gebäudekomplexes befanden sich goldene Tier-, Pflanzen- und Menschendarstellungen in Lebensgröße. Alle

◀◀ ◀ ▲ (Links, oben und vorhergehende Doppelseite) Die Totenmasken der Chimú-Kultur, die als Schmuck der Mumien dienten, bestanden vorwiegend aus einer Goldsilberlegierung und weisen teilweise auch noch Spuren einer farbigen Bemalung auf. Von ihren Gesichtsattributen wie den spitz nach außen zulaufenden Augen erinnern sie an keramische Darstellungen einer Chimú-Gottheit. Der Chimú-Stil ist durch eine einfache Linienführung und häufig wiederkehrende Gestaltungsmerkmale gekennzeichnet und zeigt Einflüsse der Moche- und der Tiwanako-Kultur.

Objekte waren möglichst realistisch gearbeitet und lebensecht im Garten so wie in der Natur verteilt. Vögel aus Gold saßen im Geäst goldener Bäume. Goldene Eidechsen, Schlangen und anderes Getier tummelten sich auf der Erde. Eine vollständig aus Gold gefertigte Maispflanzung, dazu goldene Quinua-Fruchtstände sowie Nachbildungen anderer Nutzpflanzen des Andenhochlands stellten den goldenen Gemüsegarten dar. In den Gebäuden stapelten sich sogar goldene Abbilder von Holzscheiten. Eine große Zahl von Goldschmieden war ausschließlich mit der Anfertigung solcher Kostbarkeiten zum Ruhme der Gottheiten und des Inkaherrschers betraut.

Diese und andere unschätzbar wertvolle Erzeugnisse inkaischer Goldschmiedekunst wurden wegen der naturgetreuen Darstellung von den europäischen Zeitgenossen in höchstem Maße bewundert und gelobt – und doch später eingeschmolzen. Ähnlich wie bei den Goldschätzen der Azteken in Mexiko sind daher kaum Beispiele des Inka-Goldhandwerks erhalten. Heute verfügen wir nur über wenige Stücke, die in Gräbern vor allem in Randgebieten oder an unzugänglichen Orten, wie etwa in den Hochanden, die Goldgier der Eroberer überdauerten. Aus diesem Grund muss sich die Wissen-

▶ Mumienmaske der Inka aus dem 11.–12. Jh. Die nur 15 cm hohe Maske gehört zu den wenigen erhaltenen Beispielen für die Legenden umwobene Goldschmiedekunst dieser einst so ungeheuer goldreichen Kultur.

◀ Goldene Scheiben wie diese, die aufgrund ihrer Bohrungen im oberen Drittel wahrscheinlich als Brustschmuck getragen wurde, symbolisierten die Sonne, die im Staatskult der Inka eine herausragende Bedeutung einahm. Im Vordergrund ein aus Goldblech gefertigtes Lama, 14.–16. Jh.

schaft in ihren Erkenntnissen über eine der wahrscheinlich goldreichsten Kulturen Südamerikas paradoxerweise größtenteils auf die Beschreibungen in spanischen Quellen der Kolonialzeit verlassen. Eine Liste der Gegenstände, die der Eroberer Pizarro als Geschenksendung an Karl V. zusammenstellte, vermittelt wenigstens theoretisch einen Eindruck von der ungeheuren Vielfalt an Objekten, die das Goldschmiedehandwerk der Inka hervorbrachte. Hier ist unter anderem die Rede von zuberförmigen Behältern, goldenen Servierplatten, einer Frauenfigur, kleinen Goldschachteln, zwei großen Eidechsen aus Gold, mehreren goldenen Lamas in verschiedenen Größen, feinen goldenen Strümpfen, der Nachbildung eines Mannes von der Größe eines Zehnjährigen, zwei Maispflanzen mit je zwei goldenen Kolben, zwei mittelgroßen goldenen Burgen sowie 27 mit Gold, Silber und Federn verzierten Hemden.

Über die spanischen Quellen hinaus gibt es nur noch wenige Texte indianischer Autoren des Andengebietes, die Auskunft über die untergegangene Inkakultur geben können. Die wenigen erhaltenen Exemplare inkaischer Goldschmiedekunst lassen erkennen, welch enormer Verlust durch das Einschmelzen der Inkaschätze für die Nachwelt entstanden ist. Ob es sich um zierliche Figuren von Menschen und Tieren oder mit kleinen Goldplättchen bestickte Tuniken handelt – alle Stücke faszinieren durch ihre für das Inka-Goldhandwerk charakteristische schlichte Eleganz.

Buddhas Licht und der Glanz der Lehre

Gold im buddhistischen Asien

Ein einzelnes Haar bewahrt einen mächtigen Felsblock auf einer Bergspitze im Süden Burmas vor dem Sturz in die Tiefe. Das Haar stammt von Buddha Shakyamuni und gelangte einst im Haarknoten eines buddhistischen Gläubigen nach Burma, dem heutigen Myanmar. Für dieses heilige Andenken an Buddha ließ ein König im 11. Jh. den großen Stein in Form eines Schädels aus dem Meer holen, auf eine Felskante in mehr als 1000 Metern Höhe setzen und obenauf eine Pagode errichten. Unter der Pagode liegt, in einem Reliquienschrein geschützt, das Haar. Dabei spielt es keine Rolle, ob sich alles so zugetragen hat, wie die Legende berichtet – bis heute hält der Fels seine bedenkliche Position über dem Abhang und gläubige Buddhisten haben den heiligen Stein vollkommen mit Blattgold bedeckt. Nicht nur für Burmesen ist der goldene Fels einer der bedeutenden Wallfahrtsorte des Landes.

◄ Über einem über 1000 m tiefen Abgrund balanciert der goldene Fels mit der 5,5 m hohen Kyaiktiyo-Pagode darauf.

◀ Ursprünglich kennzeichnete die Bauform des Stupa ein Grab. Davon abgeleitet dient er zur Aufbewahrung buddhistischer Reliquien. In dieser Funktion hat er sich in seiner unterschiedlichen Form als Pagode, Dagoba oder Tschörten in ganz Asien verbreitet. Zwei Stupas des tibetischen Klosters Tashilumpo in Shigatse.

In vielen Heiligtümern Asiens sind Teile von Buddhas »wahrem Körper« überliefert. Es heißt, dass sie von dem inneren Licht der Erleuchtung erfüllt sind und dass gläubige Wanderer sie einst direkt vom historischen Buddha Shakyamuni (etwa 560–480 v. Chr.) erhalten hätten, um sie in ihrer Heimat fern des Buddha verehren zu können. In Gold gefasst wurden Zähne, einzelne Haare, Fingerknochen, Schlüsselbein und Stirnknochen – so strahlen auch Buddhas sterbliche Überreste im goldenen Licht. Die Reliquien werden oft in verschachtelten Behältern verwahrt, wobei das innerste Behältnis meist aus Gold oder besser noch aus Glas besteht. Der Reliquienschrein wiederum ist im Fundament eines glockenförmigen Stupas aus Gold untergebracht. Diesen Stupa umschließen weitere Stupas aus Silber, Zinn, Kupfer, Blei, Marmor und Ziegeln.

Nur sehr selten wurden in der Vergangenheit Erinnerungsstücke an den Buddha oder andere buddhistische Heilige hervorgeholt; es musste sich schon um einen bedeutsamen Anlass handeln, wenn ein Herrscher die Reliquie in einer feierlichen Prozession sich und der Öffentlichkeit präsentieren ließ. Drohte ein Stupa oder eine Pagode zu verfallen, musste das Bauwerk erneuert und durch ein Ritual geweiht werden. In jüngerer Zeit machten sich auch Archäologen daran, die Reliquienschreine zu öffnen. Auf diesem Weg entdeckten sie beispielsweise 1987 im Famen-Tempel in Zentralchina einen der größten Goldfunde. Die 121 erlesenen Gold- und Silbergegenstände sowie weitere Kostbarkeiten aus Glas, Keramik, Holz, Lack und Seide stammen aus dem 9. Jh. Das Kaiserhaus der chinesischen Tang-Dynastie und wohlhabende Gläubige hatten die außerordentliche Menge an kunsthandwerklichen Meisterstücken gestiftet. In zwei kleinen, aus Jade und Gold gearbeiteten Reliquienkästen fand man Knochenstücke.

Einen ähnlichen Fund konnten Archäologen in Korea bereits 1965 verzeichnen, als sie eine fünfstöckige Steinpagode in der Provinz Nord-Cholla untersuchten. Sie stießen auf einen Reliquienschrein eines längst verschwundenen Tempels. Der Kasten, aus Goldblech gehämmert, enthält eine grüne Glasflasche auf goldenem Lotossockel. Sowohl der Kasten als auch die Flasche sind von einer goldenen Lotosknospe gekrönt. Die Weihegaben datieren in das 8. Jh. und lassen sich in Qualität und Zahl durchaus mit dem späteren chinesischen Fund vergleichen.

▲ Der Legende nach wurde der Buddha Shakyamuni geboren, während seine Mutter unterwegs in ihr Elternhaus war. Maya, die Mutter, rastete unter einem Sala-Baum, während Siddharta, der spätere Buddha, für die Mutter schmerzlos aus deren rechter Seite trat. Dieses wundersame Vorzeichen kündigte Großes an – ein neuer Weltlehrer war geboren. Vergoldete Bronzestatuette, Nepal 19. Jh.

Gold – Symbol der Erlösung

Als Buddha Shakyamuni noch als Siddhartha Gautama ein fürstliches Leben in Nordindien führte, bedeutete Gold für ihn das Zeichen eines hohen sozialen Ranges. Auch heute noch bildet Gold die wesentliche Mitgift und soziale Absicherung indischer Bräute und damit liegt Indien auf dem ersten Platz unter den Goldkonsumenten weltweit. Gautamas erste erlösende Handlung vor mehr als 2500 Jahren hatte darin bestanden,

Die Schönheiten des Buddha und andere Regeln der buddhistischen Kunst

Kaum eine andere Weltreligion kennt wohl eine solch detaillierte Festlegung in der Darstellung von Heiligen- und Götterbildnissen wie der Buddhismus. Die Regeln der Ikonographie gehen dabei über das übliche Maß an Attributen, symbolischen Farben und Posen hinaus. Sie beschreiben – mitunter auf den Millimeter genau – eine Bildsprache, die dem einfachen Pilger wie auch dem gebildeten Mönch zur Identifizierung und zum Verständnis der dargestellten Gottheit dient. In jedem Fall geht von den Bildnissen die volle Wirkkraft aber nur bei korrekter Darstellung aus; das bedingt ein penibles Regelwerk, das jeder Kunsthandwerker einzuhalten verpflichtet ist.

Allein die Darstellung des Buddha fordert die so genannten »32 Schönheiten«, an denen der Erleuchtete zu erkennen ist. Sämtliche Merkmale werden dabei theologisch begründet und erkärt, wenngleich sie auch oftmals ihren Ursprung in der Stilgeschichte der frühen buddhistischen Kunst haben – wie etwa der »ushnisha« genannte stilisierte Schädelauswuchs, der auf den Haarknoten griechischer Bildnisse zurückgeht, die mit Alexander dem Großen nach Indien kamen.

Andere wichtige Merkmale in den Darstellungen, wie etwa die symbolischen Hand- und Körperhaltungen, gehen häufig auf die Ikonographie älterer Religionen zurück; die Kunst des Hinduismus war dabei eines der wichtigsten Vorbilder. Das verwundert nicht, denn der im Laufe der Zeit angewachsene Darstellungsbedarf – zunächst konzentrierte sich alles auf den Buddha selbst, heute ist die Zahl der Heiligen und Götter kaum zu überschauen – tat gut daran, sich eines in weiten Teilen der Bevölkerung vertrauten ikonographischen Programms zu bedienen. So eint die Kunstwerke des Buddhismus eine Bildsprache, die – bei aller stilistischen Vielfalt – von Lhasa bis Tokio und von Beijing bis Bangkok gleichermaßen verstanden wird.

▶ An seiner Handhaltung ist der Buddha Shakyamuni zu erkennen: Mit den Fingern seiner rechten Hand berührt er die Erde und beruft sie so zur Zeugin für die Wahrheit seiner Worte. Die linke Hand ruht in der Mußegeste im Schoß. Vergoldete Bronzestatue, Tibet 17. Jh.

◀ In Thailand wird der Buddha Shakyamuni oft mit vier gleich langen Fingern dargestellt – die wortgetreue Auslegung eines Sutrentexts, dem zufolge er die Erde mit allen Fingern seiner rechten Hand berührte. Monumentalplastik in der Khao-Luang-Höhle, Phetchaburi

seinen schweren Goldschmuck abzulegen. Auf der Suche nach einem Leben ohne Leid, Begierde, Elend und Schmerz predigte er Mäßigung, Bescheidenheit. Doch auch im buddhistischen Glauben gibt es einen tief verankerten Aspekt des Goldes als Wesensfarbe und Lichtform.

Von den bunt schillernden Farben der Welt hebt sich die Goldfarbe als unveränderlich ab. Das Goldmetall korrodiert nicht, es verliert weder sein Gewicht noch seine Farbe. In der buddhistischen Lehre ist Gold die Farbe des Nirwana und der Erlösung, der Vergeistigung, des Zustands des Zur-Ruhe-Kommens und des Absoluten, im Unterschied zu Silber, dem Symbol der unbeständigen und vorläufigen Samsara-Welt der Wiedergeburten. Die Wahrnehmung von Farbe und anderen Sinnesreizen findet der buddhistischen Auffassung nach ausschließlich in der Samsara-Welt statt.

Die buddhistische Kunst spiegelt diese Weltschau im bunten symbolischen Farbenspiel der Samsara-Welt auf der einen Seite und in der einfachen Lichtform des vergeistigten, ungebundenen Nirwana auf der anderen Seite wider. Hier gilt Gold als die »wahre« Farbe, als Urfarbe, aus der alle anderen Farben der Welt hervorgehen, als Über-Farbe und Farblosigkeit zugleich. Das Licht, das Wesen und die Heilskraft, die der Buddha ausstrahlt, erscheinen golden. Derjenige, der die Buddhanatur erlangt, wird im »Goldglanz-Sutra« als rein und ohne Makel beschrieben. Seine goldene Körperfarbe erinnert an die Sonne, wie diese strahlt er sein großes Mitgefühl und seine Weisheit in alle Welt.

Höher noch als Gold wird nur Kristall geschätzt, dessen Durchsichtigkeit dem Zustand der Reinheit gleichkommt.

▶ Der glockenförmige Stupa der Shwedagon-Pagode ist typisch für die Bauweise in Burma. Zahlreiche kleinere Pagoden wurden in seiner Nähe errichtet. Sakrale Bauwerke waren in Burma die bevorzugte Form der religiösen Stiftung, durch die sich der Stifter karmische Verdienste erwarb. So entstanden hier im Lauf der Zeit wohl mehr Pagoden und Tempel als in irgendeinem anderen Land.

◀ Die Shwedagon-Pagode in Rangun gilt als eine der bedeutendsten heiligen Stätten des Buddhismus in Südostasien. Im Laufe der Jahrhunderte entstanden rund um den Stupa zahlreiche prächtige Anbauten mit aufwendig verzierten Golddächern.

Glaube und Macht

In der langen Geschichte des Buddhismus bekannten sich zahlreiche asiatische Fürsten, Könige und Kaiser zur buddhistischen Lehre. Ein besonderes religiöses Verdienst erwarben sie, indem sie ein buddhistisches Bau- oder Kunstwerk in Auftrag gaben. Manch einer stiftete zum Zeichen seiner Frömmigkeit ein kleines Vermögen für die Errichtung von Heiligtümern, Klöstern und Buddhadarstellungen. Eine originelle Idee hatte dabei im 15. Jh. die burmesische Königin Shinsawbu, als sie für die Vergrößerung und Verschönerung der Shwedagon-Pagode in ihrer Hauptstadt Pegu genau die Menge Gold spendete, die ihrem Körpergewicht entsprach – immerhin 40 Kilogramm. Die Ausschmückung mit Gold oder Goldfarbe diente natürlich auch der sinnlich-ästhetischen

◀ Achtzehnarmiger Avalokiteshvara. Der Name dieses Bodhisattvas bedeutet »der Herr, der (auf die Welt) herabsieht«. Gemeint ist sein Bemühen, Leid überall zu erkennen und durch sein grenzenloses Mitleid zu lindern. Avalokiteshvara ist der wohl am meisten angerufene Bodhisattva. Vergoldete Bronze, Tibet 17. Jh.

▶ Das nepalesische Dorf Bodnath beherbergt eine der wichtigsten Tempelanlagen des Landes. Charakteristisch für einen Stupa des nepalesischenTyps sind der viereckige Turm mit den Augenpaaren und die von einem goldenen Schirm gekrönte mehrstufige Spitze.

Bereicherung. Doch nicht jeder Herrscher konnte so, wie er wollte. Der japanische Kaiser Shomu riskierte eine Finanzkrise, als er im 8. Jh. den Großen Tempel des Ostens, den Tôdaiji, in Nara errichten ließ. Aber meistens lohnten sich die Ausgaben. Die beeindruckenden Bauwerke zogen buddhistische Mönche aus vielen Ländern und Regionen an, die kostbare Geschenke mitbrachten. Da die Mönche oft in enger Verbindung zu ihren Staatsoberhäuptern standen, förderten sie den diplomatischen Austausch, und Ruhm und Ansehen im Ausland wuchsen. Ein gefestigtes Staatswesen, Wohlstand und Frieden stellten sich ein.

Je nach buddhistischer Schule gibt es unterschiedliche Traditionen, die sich auch auf den Umgang mit dem Edelmetall Gold auswirkten. So verzichteten die Länder mit indisierter Kultur größtenteils auf die Symbolik von Gold. Zudem sind Goldminen in Asien vergleichsweise rar. Neben den Ländern Japan, Korea, China, Thailand und Burma (Myanmar), die über eigene Goldvorkommen verfügen, kann Tibet die bedeutendsten Heiligtümer und Kunstwerke aus Gold vorweisen. Tibetische Klöster und Orden häuften in vier Jahrhunderten, als sie unter dem Schutz und der Gunst mon-

golischer Herrscher standen, einen immensen Reichtum an Gold und Juwelen an. Diese Schätze stammten nicht nur aus den Bergen und Flüssen des Himalaja, sondern auch aus Goldquellen, die in dem ausgedehnten Einzugsgebiet der Mongolen lagen.

Goldene Dächer

Unter der Vielzahl der buddhistischen Heiligtümer besitzen einige Monumente neben ihrer Bedeutung als religiöse Zentren auch den Charakter eines nationalen Wahrzeichens. In Nepal, wo der historische Buddha Shakyamuni als Siddhartha Gautama geboren wurde, stehen die zwei berühmten Stupas mit den Augen des »alles sehenden Buddha«. Jeweils vier Augenpaare, in Rot, Weiß und Blau auf einen goldfarbenen, würfelförmigen Aufsatz gemalt, schützen die Stupas vor bösen Geistern. Die golden glänzenden Bauwerke liegen östlich und westlich von Katmandu und unterscheiden

▲ Die auf den Turm des Stupas von Bodnath aufgemalten Augenpaare Buddhas blicken gleichzeitig in alle vier Weltgegenden. So darf sich der Gläubige Buddhas Gnade stets gewiss sein.

sich durch die Form ihrer Türme. Auf dem Stupa von Bodnath im Osten sitzt ein pyramidenförmiger Turm, während der westlich gelegene Stupa von Svayambunath eine zylindrische Spitze trägt. Beide Aufbauten gliedern sich in 13 übereinander liegende Stufen, die die 13 Stufen der Weisheit symbolisieren.

Der Legende zufolge erschien in dem einst überfluteten Katmandu-Tal eine Flamme, die auf einer mit Edelsteinen verzierten Lotosblume auf dem Wasser trieb. Die goldene Lotosblüte soll sich noch heute unter dem Stupa von Svayambunath befinden, den ein frommer Herrscher bauen ließ. Als der indische König Ashoka, der den Buddhismus in Indien zur Staatsreligion erhoben hatte, Mitte des 3. Jh.s v. Chr. in das Katmandu-Tal kam, um an Buddhas Geburtsort eine Säule errichten zu lassen, gab er angeblich die Vergrößerung der beiden Stupas in Auftrag. König Ashoka gilt auch als Gründer der Palaststadt Patan, der »Stadt der tausend goldenen Dächer« in Nepal.

Stupas, die die Heil bringenden Andenken an Buddha oder heilige Gestalten bergen, bildeten ursprünglich den Mittelpunkt von Klöstern. Die burmesische Shwedagon-Pagode in Yangon (Rangun) entwickelte sich zum kostbarsten Bauwerk in der Welt des Hinayana-Buddhismus. Seine Entstehungszeit wird gern mit Buddhas Leben in Verbindung gebracht, doch der Bau in seiner heutigen Form fällt in das 14. Jh.

Unter dem achteckigen Goldstupa befinden sich acht Haare des Buddha Shakyamuni. Die Königin Shinsawbu verpasste dem Stupa im 15. Jh. ein goldenes Dach. Seit der letzten Renovierung, die nach dem Erdbeben im Jahr 1970 notwendig wurde, ist die Turmspitze mit über 5400 Diamanten, rund 2300 Rubinen, Saphiren und anderen Edelsteinen geschmückt sowie mit Goldplatten bedeckt, deren Zahl mal mit 9000, mal mit 13 000 angegeben wird. Knapp 1500 Glöckchen aus Gold und Silber machen die Pracht vollkommen. Rund 100 kleine Begleitstupas sowie Tempel und Pavillons, allesamt ebenfalls goldgeschmückt und reich verziert, umgeben den 110 Meter hohen Stupa. Die weitläufige Anlage ist das größte Heiligtum des Buddhismus in Südostasien.

Das höchste Pilgerziel der buddhistischen Gläubigen liegt in Tibet, auf dem Dach der Welt in 4000 Metern Höhe. Hier wurde das Kloster Tashilumpo im Jahre 1447 von dem ersten Dalai-Lama und Priester der Gelben Schule gegründet. Der Dalai-Lama gilt als die Inkarnation des Buddhas Avalokiteshvara, der auf die Erlösung verzichtet, um den Menschen zu helfen und sich so nach wie vor im Kreislauf der Wiedergeburten befindet.

Die golden glänzenden Klosterdächer sind zu einem Wahrzeichen Tibets geworden. Sie erinnern an die Zeit bis 1951, als der Dalai-Lama die religiöse und politische Macht in Tibet in den Händen

▲ Tibetische Klosterdächer werden in der Regel von zahlreichen vergoldeten Ornamenten gekrönt. Neben den großen stilisierten Schirmstandarten ist vor allem das von zwei Gazellen flankierte Rad der Lehre charakteristisch, das an die Offenbarung des Buddha im Gazellenhain von Benares erinnert. Die Drachenköpfe entstammen allerdings chinesischem Einfluss.

◄ Ansicht des Klosters Tashilumpo bei Shigatse von Süden. 1447 gegründet ist das Kloster seit Mitte des 17. Jh.s Sitz des Pantschen-Lama. Die roten Klostergebäude werden von goldenen Dächern gekrönt, der auffällige Bau im Zentrum beherbergt das Grab des 4. Pantschen-Lama.

▶ Das tibetische Thangka aus dem 18./19. Jh. zeigt im Zentrum den weißen Buddha Vairocana umgeben von vier weiteren transzendenten Buddhas: Amitabha, Amoghasiddhi, Akshobya und Ratnasambhava beherrschen die ihnen zugewiesenen vier Weltgegenden. Am unteren Bildrand zwei Taras, weibliche Bodhisattvas, deren Wesen von Mitleid und Weisheit geprägt ist.

▼ Glocke und Vajra (Donnerkeil) symbolisieren die beiden Pole in der Vorstellungswelt des tibetischen Buddhismus. Während der Vajra für das Ewige und Absolute steht, symbolisiert die Glocke die Vergänglichkeit. So wird die Glocke stets in der linken, weiblichen Hand gehalten, der Vajra hingegen in der rechten, männlichen. Detail einer tibetischen vergoldeten Bronzeplastik, 17. Jh.

hielt. Als die chinesische Invasion und wenig später die Kulturrevolution das Kloster und die Gemeinschaft auszulöschen drohten, konnten die wenigen verbleibenden Mönche den Besitz vor der Vernichtung bewahren. Noch immer befindet sich im Innern des Klosters ein reicher Schatz an Gold und Juwelen. Auf dem Gelände der Klosteranlage stehen mächtige zylindrische Grabmäler der früheren Lamas. Am kostbarsten ist das elf Meter hohe Denkmal für den vierten Dalai-Lama aus dem Jahre 1662. Den turmartigen Bau schmücken 3000 Unzen Gold, 15 Tonnen Silber und zahllose Edelsteine.

Auch Thailand und Burma besitzen Heiligtümer, für die Staatsoberhäupter viel Geld spendeten. Thailand kann sich rühmen das höchste buddhistische Bauwerk der Welt sein Eigen zu nennen. Rund 50 Kilometer westlich von Bangkok, in Nakhon Pathom, ragt mit einer Höhe von 127 Metern die kegelförmige Spitze eines massiven Stupas empor. Unter dem verhältnismäßig jungen, nämlich erst im 19. Jh. unter König Rama V. entstandenen Steinbau befinden sich noch die Ruinen eines alten Tempels. Tafeln mit Bildgeschichten aus Buddhas früheren Leben umgeben den tausend Jahre alten Tempel Phra Pathom.

Im Dienst der Götter und Heiligen

In den Tag für Tag praktizierten Riten und Gottesdiensten darf es nicht fehlen: Licht und Goldglanz auf dem buddhistischen Altar. Während Feuer das Zeichen der Reinigung ist, symbolisiert Licht das Wissen um Erleuchtung. In Ländern, in denen Holz als Baumaterial Verwendung findet, sind die Tempel häufig mit goldfarben bemaltem oder blattvergoldetem Gebälk und Holzschnitzerei ausgestattet. Für die wichtigsten Ritualgeräte greift man auf Gold und warm glänzende Metalle wie Kupfer, Bronze und Messing zurück. Neben den symbolischen Gerätschaften Donnerkeil und Glocke sowie Gebetsmühlen, Vasen und Opferschalen sind von besonderer Wichtigkeit die heiligen Schriften mit den Lehren und Predigten des historischen Buddha

Shakyamuni. In Japan verwendet man für die kostbaren Sutrenblätter seit Jahrhunderten Gold: Auf indigogefärbtem Papier schreibt man die heiligen Texte mit einer Tusche aus feinsten Goldpigmenten. Oft enthalten die Bücher auch in Gold und Silber angelegte Illustrationen – Heiligendarstellungen als Frontispize. Die Sutrentexte gelten als Reliquien, die Generationen von Gläubigen sorgsam und liebevoll hergestellt und sicher verwahrt haben. Eine Ausgabe des Diamant-Sutras aus dem 8. Jh. wurde in 19 Goldbleche geschnitten. Die Bleche hatte man seinerzeit zu einem Leporelloalbum zusammengefasst, in einem goldenen Sutrenkasten verschlossen und unter der schon erwähnten Steinpagode in Korea versteckt. Weitere alte Goldtafeln, versehen mit einem buddhistischen Text in Pali-Schrift, tauchten in Maungun nahe der alten Stadt Prome in Südburma auf. Sie belegen, dass sich Buddhas Lehre von Südindien aus seit dem 6. Jh. in Südostasien verbreitete.

Das als das größte Buch der Welt bezeichnete buddhistische Kunstwerk entstand im 19. Jh. in Burma. Damals setzten sich mehr als 2000 Mönche daran, den gesamten überlieferten buddhistischen Kanon auf Marmortafeln zu schreiben. Anschließend legten fromme Helfer die Schriftzeichen mit Gold aus. Die 729 Tafeln werden in den eigens errichteten Pitaka-Pagoden in Mandalay aufbewahrt.

▲ Goldene Buddhastatuen in einer Wandelhalle des Wat Suthat in Bangkok. Auch wenn es historisch nur einen Buddha gab, kennt die buddhistische Theologie Myriaden von Buddhas.

▶ Mit seinen acht Speichen symbolisiert das Rad der Lehre den »Achtfachen Pfad«, eine Art Anleitung zum rechten Lebenswandel.

▶ Pagode im Wat Phra Keo, dem Tempelbereich des königlichen Palastes in Bangkok. Der Palastbezirk wurde größtenteils Ende des 18. Jh.s errichtet, als Praya Chakri hier die noch heute regierende Herrscherdynastie Thailands begründete.

Jedes noch so kleine buddhistische Heiligtum gilt als eine Buddhawelt. Seinem Wert Rechnung tragend schlägt man es in Goldbrokatstoff oder Seidenstoff mit aufgestickten Goldfäden ein. Aus solchen Stoffen bestehen auch Gewänder und Überwürfe hochrangiger Priester; traditionell setzt man verschiedene Stoffstücke harmonisch zusammen, um an das eigentlich anspruchslose Kleid des Buddha zu gemahnen. Bei Festen und während der Zeremonien vor den Kultbildern tragen Priester und Mönche auch einfach geschnittene, gelb glänzende Seidenroben, die symbolisch das Licht, das aus den Körpern der Buddhastatuen herausstrahlt, widerspiegeln.

Buddhas Körperglanz

Anfangs kannte die buddhistische Lehre nur Symbole, aber keine Bildnisse des Buddha. Etwa im 1. Jh. begann die nördliche Schule des Mahayana-Buddhismus ein reichhaltiges Spektrum von Buddhas und Gottheiten zu entfalten. Zur Unterscheidung der einzelnen Gestalten entstand eine vielschichtige Ikonographie. Beispielsweise werden Buddhas kaum mit Attributen oder Schmuck dargestellt, die Oberflächengestaltung ist schlichter, »glatter«, denn die Natur des Buddha liegt in der Entsagung von allem Weltlichen. Bodhisattvas hingegen, die aus eigener Entscheidung im Irdischen verhaftet geblieben sind, tragen demzufolge oft sehr reichen Schmuck – dieser ist das Zeichen ihrer weltlichen Bindungen. Goldschmuck kennzeichnet darüber hinaus zahlreiche andere buddhistische Gott- und Wesenheiten wie Tempel- und Himmelswächter.

Die Zahl buddhistischer Bildwerke aus vergoldeter Bronze ist kaum zu schätzen. Zu den ältesten bekannten Skulpturen zählt mit einer chinesischen Inschrift des Stiftungsdatums 338 n. Chr. eine Figur des Buddha Shakyamuni, die in Meditationshaltung auf einem Thron sitzt. Die 40 Zentimeter große Plastik stammt aus der Zeit, als das halbnomadische Volk der Toba den Buddhismus in China verbreitete. Diese »Barbaren«, wie die Chinesen die aus dem Norden kommenden Eindringlinge nannten, wurden sesshaft und fanden schon bald zu Reichtum und Luxus. Die Herrscher, die unter dem Dynastienamen Wei in die Annalen eingingen, ordneten den Bau Hunderter großer und kleiner Klöster an. Die Toba waren vom Einfluss der indischen und zentralasiatischen Kultur geprägt; so ließen sie gewaltige Reihen von Höhlentempeln ausbauen und mit buddhistischen Skulpturen ausstatten.

Die Verehrung der Person Buddhas in Gestalt von Monumentalskulpturen ist ein Hauptmerkmal der in den Ländern Ostasiens verbreiteten Richtung des Mahayana-Buddhismus. Die 16 Meter hohe Sitzfigur des Buddha Vairocana im Tôdaiji in Nara dient seit dem 8. Jh. dem Schutz und Wohl des japanischen Staates. Als ihr Stifter, der Kaiser Shomu, feststellte, dass die Herstellung der gigantischen Skulptur die Staatsmittel überstieg, lieferte das Volk Gegenstände aus Kupfer, Bronze und Gold ab. Schließlich konnte die Bronzefigur mit 13 000 Pfund Gold überzogen und in der Goldenen Halle des Haupttempels fertig gestellt werden. Von der mehrmals stark zerstörten Figur erstrahlt heute nur noch der Nimbus golden.

Der gläubige Kaiser verehrte inbrünstig den Buddha Vairocana. Wie diesen allumfassenden Buddha des Lichtes betrachtete er sich selbst in seiner Herrscherposition als ein Symbol der geistigen Einheit des Universums. Damit fand er eine religiöse Legitimation für seine irdische Autorität.

Im 10. Jh. begann man in Japan Holz den Vorzug gegenüber Bronze zu geben. Dabei entwickelten Holzbildhauer eine einzigartige Technik: die Bearbeitung zusammengefügter Holzblöcke. Diese überzogen sie mit Schnitzwerk, Lackfassungen und Blattgold. Im Zuge des Amitabha-Kults, dem sich im 10. und 11. Jh. sowohl die aristokratische Gesellschaft als auch weite Kreise des japanischen Volkes zuwandten, stieg der Bedarf an golddekorierten Buddhaskulpturen stark an. Die Hoffnung auf eine

◀ Im Wat Mahatat in Phetchaburi stehen – wie in fast jedem buddhistischen Tempel Asiens – Buddhafiguren dicht an dicht auf den Altären. Wirkkraft geht hier vor Kunstsinn: Einem frommen Geschenk den angemessenen Platz zu verweigern, hieße dem Gläubigen die Möglichkeit auf sein Seelenheil zu verwehren.

▶ Das »Stiftungsritual des kleinen Mannes«: Auch mit dem Schmücken geweihter Bildnisse erwirbt sich der gläubige Buddhist Verdienste für seine zukünftige Wiedergeburt. Das Verzieren mit Blattgold ist besonders in Thailand und Burma (Myanmar) gebräuchlich.

Wiedergeburt in Amitabhas Paradies, dem Reinen Land, das eine Zwischenstufe zum Nirwana im esoterischen Mahayana-Buddhismus Ostasiens darstellt, ließ die gläubigen Menschen teure Kunstwerke in Auftrag geben und sich auf diese Weise Verdienste erwerben. Der gnadenvolle, barmherzige Buddha Amitabha – japanisch: Amida – verhieß langes Leben und ewiges Licht; alles in seiner Umgebung sollte golden erstrahlen. Nördlich von Nara, im Tempel von Uji, befindet sich eine 1053 aufgestellte Amida-Statue, die bis heute als die großartigste Plastik der Fujiwara-Zeit gilt. In ihrer Goldpracht besonders eindrucksvoll sind außerdem neun Amida-Sitzfiguren in einem Tempel in Kyoto aus dem Jahr 1107, die die neun Stufen der Wiedergeburt im Paradies versinnbildlichen, und die Gruppe der lebensgroßen Senju-Kannon-Plastiken in Kyoto aus dem Jahr 1254, deren stattliche Anzahl 1001 beträgt.

Für die Vergoldung einer tibetischen Statue eines wohlbeleibten Maitreya-Buddhas waren rund 230 Kilogramm massives Gold nötig. Die Höhe dieser Monumentalskulptur beträgt 26 Meter, ein Ohr des ewig lachenden Buddha misst 2,8 Meter, eine Hand 3,2 Meter. Damit ist sie die größte buddhistische Standskulptur. Obwohl chinesische Kommunisten bei ihrer Besatzung 1950 und während der Kulturrevolution zwischen 1966 und 1976 die meisten buddhistischen Bauwerke in Tibet zerstört hatten, machte die Regierung für die Restaurierung dieser Kolossalfigur in der Klosteranlage Tashilumpo bei Shigatse Geld und Gold locker – der Buddha Maitreya wird als Erlöser im kommenden Weltalter erwartet.

◀◀ (Vorhergehende Doppelseite) Vor den Füßen einer vollständig vergoldeten 32 m hohen Buddhastatue im Wat Indraviharn in Bangkok haben Gläubige Speiseopfer dargebracht. Im Haupt der im 20. Jh. errichteten Statue soll sich eine Buddhareliquie aus Sri Lanka befinden.

▶ Trotz des reichen Schmucks stellt diese nepalesische Statuette aus dem 17./18. Jh. einen Buddha dar: den transzendenten Buddha Amoghasiddhi. Seine rechte Hand zeigt die Geste der Ermutigung, sich dem Buddha zu nähern. Transzendente Buddhas sind nicht an Zeit und Raum gebunden, ihr königlicher Kopfputz kennzeichnet sie als den Naturgesetzen überlegen.

◀ Der große Buddha Vairocana (japanisch »Dainichi«) im Tôdaiji in Nara hat heute bereits den größten Teil seiner Vergoldung eingebüßt. Umso leuchtender strahlen die ihn flankierenden Buddhastatuen aus späterer Zeit.

Im Unterschied zum Mahayana-Buddhismus erkennen die Anhänger der Hinayana-Lehre in Süd- und Südostasien nur einen Buddha an. Er ist in allen Weltaltern gegenwärtig, in der Vergangenheit ebenso wie in der Zukunft. Einer alten Aufzeichnung zufolge soll es lediglich fünf Bildnisse geben, die zu Lebzeiten des historischen Buddha Shakyamuni angefertigt wurden: zwei in Indien, zwei im Paradies und eines in Burma. Letzteres steht in der goldenen Stadt Mandalay in Gestalt des Mahamuni. Inzwischen wissen Archäologen, dass die Statue erst einige Jahrhunderte später geschaffen wurde, als der Buddhismus schließlich in der Region Fuß fasste. Der Mahamuni-Buddha zählt heute zu den wichtigsten Heiligtümern in Burma. Dicke Lagen von Blattgoldstücken, die Pilger aus aller Welt auf die vier Meter hohe Sitzfigur geklebt haben, zeugen von einer tiefen Religiosität. Mit der Herstellung von Blattgold sind Tausende burmesischer

Arbeiter beschäftigt. Ihre tägliche Arbeit besteht darin, das weiche, formbare Goldmetall zwischen dicke, angefeuchtete Papierlagen zu legen und stundenlang breit zu klopfen. Die hauchdünne, durchscheinende Goldfolie wird überall in Burma und Thailand verkauft. Unzählige Pilger kleben kleine Stücke davon auf Statuen und erwerben mit dieser religiösen Geste Verdienste. Das Rohgold stammt aus Flüssen und Bächen im Norden Burmas, die in den bis zu 6000 Metern hohen Ausläufern des Himalaja-Massivs entspringen.

Ein Zufallsfund der besonderen Art sorgte in Thailand für Überraschung. Bei Baggerarbeiten in Bangkok wurde eine drei Meter hohe und fünfeinhalb Tonnen schwere buddhistische Statue freigelegt. Ein heftiger Regenguss weichte die Gipsoberfläche der Skulptur vollständig auf und schließlich fiel die Figur zu Boden. Da entdeckte man, dass die ganze Statue aus purem Gold bestand. Wahrscheinlich hatte der Gipsmantel sie schon 200 Jahre zuvor vor Raub schützen sollen. Heute steht der goldene Buddha in einem Tempel im chinesischen Viertel von Bangkok.

Zu den größten Heiligtümern in Südostasien zählen die Statuen des liegenden Buddha. Denn in dieser Haltung ging Buddha einst ins Nirwana ein. Die Skulpturen verkörpern das Sehnen nach endgültiger Erlösung, das der ursprüngliche Hinayana-Buddhismus lehrt. In Thailand und Burma trifft man auf riesenhafte goldgeschmückte Skulpturen von bis zu 55 Meter Länge. Der mit 70 Metern längste liegende Buddha wurde 1960 in Burma geschaffen. Mit ihm haben sich die Burmesen ein Wahrzeichen gesetzt, das einmal mehr die Bedeutung als Schatzkammer der buddhistischen Welt unterstreicht: Hier ist das geopferte Blattgold für jedermann erschwinglich und einzig der Glaube bestimmt das Maß.

◀ Diese vergoldete Bronzeplastik aus China (18. Jh.) zeigt einen Buddha mit einer für die Unterweisung typischen Handhaltung. Figuren wie diese wurden zu Hunderten in Auftrag gegeben und dienten als Weihegabe. Mit ihnen war oft ein konkreter Wunsch verbunden. Damit die Stiftung »höheren Orts« auch wahrgenommen wurde, ließ man in die Figuren oft kleine Weihezettel einschließen, die genauestens den Namen und die Familienverhältnisse des Stifters verzeichneten.

▶ Blick in den Wat Pho in Bangkok: Fast 50 m lang ist die vergoldete Figur des liegenden Buddha; so wird er kurz vor seinem Tod, und damit vor dem Eingang ins Nirwana, dargestellt. Bildnisse dieses Typs mahnen an die Vergänglichkeit allen Seins, verleihen aber gleichzeitig auch der Hoffnung auf Erlösung Ausdruck.

Glossar

Allegorie Darstellung eines abstrakten Begriffs in einem Bild, häufig als Personifikation.

Altes Reich Epoche der altägyptischen Geschichte, die in etwa den Zeitraum zwischen 2600 und 2100 v. Chr. (3.–10. Dynastie) umfasst.

Amitabha Im Mahayana-Buddhismus ein Buddha, der die wahrhaft Gläubigen nach deren Tod in sein Reich aufnimmt.

Antependium Verkleidung des Altarunterbaus aus Stoff oder in Form einer Vorsatztafel aus geschnitztem Holz oder bearbeitetem Edelmetall.

Apsis Altarnische in Kirchenräumen, meist halbrund oder vieleckig.

Avalokiteshvara Vor allem im Mahayana-Buddhismus verehrter Bodhisattva des Mitleids. Schutzherr der buddhistischen Kirche Tibets.

Azteken Im Gebiet des heutigen Mexiko beheimatetes Indianervolk, das zu Beginn des 2. Jahrtsd.s sein Herrschaftsgebiet vom Atlantik bis nach Guatemala ausdehnte, bis es 1519–1521 durch die Spanier unter Hernán Cortés unterworfen wurde.

Barock Stilepoche im 17. und beginnenden 18. Jh., vor allem im Europa der Gegenreformation und des Absolutismus.

Bodhisattva Geistlicher Lehrer des Mahayana-Buddhismus, der die vollkommene Erkenntnis und Befreiung von allen Begierden anstrebt und auf die eigene Erlösung im Nirwana verzichtet, um seinen Mitmenschen als „Erleuchteter" auf deren Erkenntnisweg zu helfen.

Brakteat Schmuckanhänger, meist aus einseitig geprägtem Goldblech, mit bildlichen Darstellungen nordischer Götter und Mythen.

Chryselephantintechnik (Gold-Elfenbein-Technik) Vor allem im antiken Griechenland gebräuchliche Technik der Bildhauerei, bei der unbekleidete Körperteile der Statuen mit Elfenbein, Gewandpartien und Haare mit Goldblech belegt waren.

Cloisonné (Zellenschmelz) Technik, bei der das Email flüssig in zuvor durch aufgelötete Metalldrähte oder -bänder begrenzte Felder aufgetragen wird, sodass die farbige Glasmasse in die Vertiefungen einsinkt und die Drähte als erhöhte Konturen stehen bleiben.

Elektron Legierung aus Gold und Silber in einem Mischverhältnis von etwa 60 zu 40 %.

Emaillierung Technik der kunstvollen Metallverzierung, bei der flüssiger oder pulverförmiger farbiger Glasfluss auf die Oberfläche aufgetragen und aufgeschmolzen wird.

Exarchat Verwaltungsbereich des Byzantinischen Reiches in Italien und Afrika.

Fibel In vorgeschichtlicher Zeit entstandene Nadelkonstruktion zum Zusammenheften der Kleidung.

Filigran Goldschmiedetechnik, bei der feine Metalldrähte zu kunstvollen Geflechten verarbeitet werden.

Goldenes Vlies Goldenes Fell eines Widders, das in der Argonautensage dem König Aietes durch Jason geraubt wird.

Gotik Stilepoche der abendländischen Kunst (Mittelalter), etwa 12. bis spätes 16. Jh.

Granulation Goldschmiedetechnik, bei der kleine Goldkügelchen dicht an dicht so auf den Metallgrund aufgeschmolzen werden, dass sie ihre Form behalten. Auf diese Weise können auch Muster und Ornamente entstehen.

Hieroglyphen (»heilige Schriftzeichen«) Schrift mit bildhaftem Charakter, vor allem die altägyptische Schrift.

Hinayana-Buddhismus Älteste Richtung des Buddhismus, die den aus eigener Kraft nach Erlösung strebenden Arhat, nicht den für die Erlösung seiner Mitmenschen eintretenden Bodhisattva als höchstes Ideal ansieht.

Hodegetria Vor allem in der byzantinischen Kunst gebräuchlicher Marienbildtypus, auf dem die Gottesmutter das segnende Kind auf dem linken Arm hält und mit der rechten Hand auf Jesus als Weg des Heils deutet.

Ikonographie Kunstwissenschaftliche Erfassung und Klassifizierung der religiösen, mythologischen, symbolischen sowie allegorischen Inhalte und Themen bildlicher Darstellungen.

Inka Ursprünglich im Hochland von Peru ansässiges Indianervolk, das seinen Herrschaftsbereich ab etwa 1200 n. Chr. von dem Gebiet um die Hauptstadt Cuzco aus ausbreitete, bis es 1531 durch die Spanier unter Francisco Pizarro unterworfen wurde.

Kanope Im alten Ägypten Gefäß mit Menschen- oder Tierkopf zur Bestattung von Eingeweiden.

Karneol Schmuckstein, gelbliche bis blutrote Form des Chalcedons.

Kartusche Häufig in Form einer doppelt gelegten Schnur gestaltete ovale Umrahmung der Königsnamen in altägyptischen Hieroglypheninschriften.

Kenotaph Grabmal ohne Gebeine zum Gedenken an einen an einem anderen Ort beigesetzten Toten.

Kerbschnitt Gestaltungstechnik, bei der die Materialoberfläche durch Einschnitte verziert wird. Für eine Kerbe werden jeweils zwei aufeinander treffende Schnitte geführt.

Mahayana-Buddhismus Einflussreichste Richtung des Buddhismus, die durch die Idealisierung des Bodhisattva und des Gnadenaspekts gekennzeichnet ist.

Maitreya Buddha des kommenden Weltzeitalters, der bis zu seinem zukünftigen Erscheinen als Bodhisattva im Tushitahimmel weilt.

Manierismus Stilepoche in der Übergangszeit zwischen Renaissance und Barock (etwa 1520–1600), häufig auch Spätrenaissance genannt.

Maya Bis heute in Mexiko, Guatemala, Honduras und Belize beheimatetes Indianervolk, dessen kulturelle Blüte in die Zeit zwischen etwa 300 n. Chr. und der Eroberung Südamerikas durch die Spanier fiel.

Minnekästchen Kleines, kunstvoll gearbeitetes Deckelkästchen, häufig mit gemalten oder geschnitzten Liebesallegorien verziert, das im 13.–15. Jh. traditionell als Geschenk eines Bräutigams an seine Braut überreicht wurde.

Mittleres Reich Epoche der altägyptischen Geschichte etwa 2040–1560 v. Chr. (11.–17. Dynastie).

Mixteken Mexikanisches Indianervolk, das in vorkolumbischer Zeit zwischen 1000 und 1520 n. Chr. seine kulturelle Blüte erlebte.

Muisca Ursprünglich in Kolumbien beheimatetes Indianervolk, dessen kulturelle Hochphase in die Zeit von 1200 bis 1540 n. Chr. fiel.

Nekropole »Totenstadt«, Bezeichnung für Gräberfelder und Friedhöfe des Altertums.

Neues Reich Epoche der altägyptischen Geschichte etwa 1560–1090 v. Chr. (17.–19. Dynastie).

Nimbus In der bildenden Kunst der scheiben- oder strahlenförmige Lichtkranz hinter dem Kopf einer Gottheit, in der christlichen Ikonographie der Heiligenschein.

Nirwana Letzte, absolute Wirklichkeitsstufe des buddhistischen Glaubens, in der Begierde, Hass und Nichtwissen, die drei Quellen des Leids, erlöschen. Mit dem Eintritt ins Nirwana geht die Erlösung aus dem Kreislauf der Wiedergeburten einher.

Pagode Turmartige Variante des Stupas in China, Korea, Japan und Hinterindien.

Palmette Palmblattähnliches, in der griechischen und römischen Kunst gebräuchliches Ornament.

Pektorale Brustschmuck, der im Altertum als Rangabzeichen und in dieser Funktion auch als Grabbeigabe diente.

Predella Sockelartiger Unterbau eines Altaraufsatzes.

Punische Kriege Die drei Kriege (264–241 v. Chr., 218–201 v. Chr., 149–146 v. Chr.) zwischen Römern und Karthagern (Puniern), durch die Rom die Herrschaft im westlichen Mittelmeerraum erlangte.

Punztechnik Goldschmiedetechnik, bei der mithilfe eines Hammers und eines Metallstabs Muster eingeschlagen werden.

Reliquiar Behälter zur Aufbewahrung oder Zurschaustellung von Reliquien.

Reliquie Sterbliche Überreste bedeutender religiöser Persönlichkeiten.

Renaissance Kulturgeschichtliche Epoche von etwa 1350 bis ins 16. Jh.

Repoussé-Technik Technik der Goldbearbeitung, bei der mit Metall- oder Steinstiften zuvor aufgezeichnete Muster in Goldblech geprägt werden.

Rokoko Spätphase des Barock (etwa 1720–1780).

Romanik Abendländische Stilepoche, die in Frankreich um etwa 1000 n. Chr. einsetzt und im 12. Jh. von der Gotik abgelöst wird.

Samsara Bezeichnung des (buddhistischen) Kreislaufs von Geburt, Tod und Wiedergeburt.

Shakyamuni Beiname Siddharta Gautamas, des Begründers der buddhistischen Lehre.

Skarabäus Blatthornkäferart, die im alten Ägypten als Gestalt des Urgottes Chepr verehrt wurde.

Stater Antike Gold- oder Silbermünze.

Stupa Massiver, ursprünglich hügelartiger Kultbau der buddhistischen Architektur zum Gedenken an Buddha.

Sutra (Plur. Sutren) Im Buddhismus Lehrreden Buddhas und danach auch heilige Schriften.

Tauschierung Einlage von Gold in Silber und umgekehrt.

Torques Für die Kunst der Kelten typischer, gedrehter Halsring.

Register

Bildnachweis

AKG Berlin: 20, 21, 26 u., 39, 40, 42, 43, 46, 47, 48, 49, 50, 52, 53, 54, 56, 63, 65, 67, 76, 77, 89, 91, 92, 100, 118, 131, 139; AKG/Stefan Drechsel: 75; AKG/Werner Forman: 13, 18, 19, 24, 30, 60, 62, 123, 124, 126, 127, 142, 146; AKG/François Guénet: 26 o.; AKG/Erich Lessing: 56, 57 u., 64, 109, 136; AKG/Veintimilla: 122.; Andreas M. Gross: 111, 112, 113, 114, 125, 128, 130, 131; Claus Hansmann: 6, 7, 10, 12, 15, 17, 32, 33, 34, 36, 38, 44, 45, 58, 59, 66, 68, 70, 74, 78, 80, 81, 82, 83, 84, 85, 87, 88, 90, 93, 94, 95, 106, 117, 119, 132, 137, 147, 155, 156; PhotoPress/Oberdorfer: 97; PhotoPress/Rose: 72, 86, 98; Silvestris/Rudolf Bauer: 51, 99, 103, 107, 140, 157; Silvestris/Josef Beck: 22, 28, 29, 134, 141, 152; Silvestris/Raimund Cramm: 104, 115, 116, 120, 121; Silvestris/Dr. Franz: 8; Silvestris/Robert Harding: 145; Silvestris/Heiner Heine: 9, 71; Silvestris/Harald Hingst: 14, 31; Silvestris/Hollweck: 102; Silvestris/Ladislav Janicek: 25; Silvestris/Günter Kozeny: 143 o.; Silvestris/Josef Lughofer: 143 u.; Silvestris/Otto Stadler: 108, 138, 148, 149, 150, 151; Silvestris/Keren Su: 144; Silvestris/Andreas Teegeber: 16; Silvestris/TH Fotowerbung: 57 o.; Silvestris/Marika Windisch: 154; Silvestris: 30 u., 37
Umzeichnungen S. 21, 24, 62, 76, 82, 110, 120, 148: Büro Norbert Pautner

Wir waren bemüht alle Bildrechteinhaber ausfindig zu machen. In einigen wenigen Fällen ist dies leider nicht gelungen. Die betroffenen Rechteinhaber werden gebeten sich nachträglich mit dem Verlag in Verbindung zu setzen.